홍길동이 물리 박사라고?

홍길동이
물리
박사라고?

정완상 글 | 홍기한 그림

브릿지북스

길동
뛰어난 무술 실력, 수려한 외모,
게다가 과학 실력까지
두루 갖추었으나 서자라는
설움을 갖고 사는 인물

마산
산적 삼 형제의 첫째.
홍길동을 도와
활빈당이 됨

우산
산적 삼 형제의 둘째.
홍길동을 도와
활빈당이 됨

양산
산적 삼 형제의 막내.
홍길동을 도와
활빈당이 됨

유천

어머니가 다른 길동의 형.
길동을 진심으로 아끼지만
후에 수도방위대장이 되어
길동과 칼을 맞댐

꽃분

가녀린 소녀처럼 보이나
뛰어난 총기로 활빈당에서
큰 활약을 하게 됨

자성교 교주

자성교 본부에서
얄팍한 속임수로 신도들을 속여
재산을 가로채는 사이비 교주

김 진사

마을 최고의 갑부,
돈이면 안 되는 게 없는
줄 아는 양반

차 례

홍길동
길을 떠나다

온 세상을 집어삼킬 듯한 어둠 속, 한 남자가 정자에 서서 어둠을 즐기고 있다. 그 남자의 자태는 어느 고고한 양반 가문의 귀한 아들처럼 꼿꼿하고 기품 있어 보였다. 이때 어둠을 뚫고 그에게 접근하는 그림자 하나가 있었으니.

"귀신이면 썩 물러가고 사람이면 모습을 보여라!"

그림자가 잠시 멈칫하더니 이윽고 다시 움직이기 시작했다.

그 움직임이 신출귀몰하여 눈으로 따라잡기에는 한계가 있을 정도였다. 그림자는 나무를 짚고 한 바퀴 회전하더니 땅에 착지했다.

"또 너구나. 그래, 갑자기 날 찾아온 까닭이 뭐냐?"

"하하하! 역시 형님이십니다. 못 당하겠다니까요. 이렇게 어두운 밤, 이 야심한 시각에 여기서 무얼 하고 계십니까?"

"그냥 잠이 안 와서 바람이나 쐬려고 나왔다. 요즘 내 가슴 한구석이 너무도 답답하구나."

"무슨 고민이라도 있으십니까? 이 동생에게 시원하게 털어놔 보십
시오."

구름 사이로 달빛 한줄기가 내려와 둘을 비췄다.

달빛에 비친 두 사람의 모습은 윤기 흐르는 얼굴만 봐도 알 수 있듯
이 동네에서 둘째가라면 서러울 정도로 뼈대 있는 집안인 홍 판서의

두 자제였다. 어둠을 즐기고 있던 이는 과거 시험을 준비하고 있는 형 유천이었다. 양반의 고고한 기품을 자신의 신조로 여기고 살아가는 요즘 보기 드문 청년이었다.

그 옆에 서 있는 이는 길동으로 무술 실력이 뛰어나 무관으로 입관하면 큰 인물이 될 것이라고 마을 사람들이 칭찬하는 청년이었다. 두 형제가 한 명은 문과, 한 명은 무과로 이름을 날리는 초절정 인기남들이었던 것이다.

"나의 고민은 나의 것이니라. 다 내가 짊어지고 가야 할 업보겠지."

유천의 얼굴에는 수심이 가득했다. 그도 그럴 것이 유천의 아버지인 홍 판서는 유천의 친모인 본처 외에도 길동의 어머니인 춘섬과 이번에 새로 들인 첩 초란까지 두고 있었는데, 유천은 초란의 간사함이 아버지의 두 눈을 멀게 할까 봐 걱정이었던 것이다.

"혹시 새어머니 때문에 그러십니까?"

"하하하! 역시 내 동생답구나. 공식적으로 호부호형을 허락받진 못했지만 언제나 넌 내 동생이야. 이렇게 혼자 고민한다고 해결될 일도 아니지. 머리만 아플 뿐이구나. 기분 전환도 할 겸 둘이서 내일 사냥이나 가자꾸나."

"좋습니다. 형님. 누가 더 많이 잡는지 내기하자고요."

그들의 호탕한 웃음소리가 어둠 속에서 낮게 울려 퍼졌다.

다음 날, 길동과 유천은 사냥에 타고 갈 말을 정성스럽게 돌보고 있었다.

"형님, 오늘은 제가 꼭 이기겠습니다!"

"하하하! 아마 그렇게 되겠지. 무술 실력 하나만은 내가 알고 있는 사람 중에서 네가 제일이다. 하지만 자만하지 말거라. 나도 쉽사리 물러서진 않을 것이다. 각오하거라. 그리고 출출할 때 먹게 사과나 챙기자꾸나."

유천은 먹음직스러운 사과 하나를 길동에게 건네주었다.

"이랴!"

말은 커다란 울음소리와 함께 힘차게 달려 나갔다. 길동의 눈매가 갑자기 매서워지더니 한곳을 응시한 채 시선을 떼지 않았다.

길동의 말이 갑자기 빠른 속도로 달리기 시작했다. 유천은 얼떨결에 길동을 따라 달렸다. 커다란 멧돼지 한 마리가 두 사람을 향해 무서운 속도로 달려들었다. 길동은 화살을 쏘기에는 이미 늦었다는 걸 깨닫고, 전속력으로 멧돼지를 향해 달려가 손에 쥐고 있던 사과를 있는 힘껏 던졌다.

사과는 멧돼지의 목에 정확하게 명중했고, 육중한 몸을 이기지 못하고 쓰러진 멧돼지 주위로 흙먼지가 일어났다.

"우아! 대단하구나. 사과로 멧돼지를 잡다니."

"속도의 덧셈을 이용한 것입니다."

"속도의 덧셈? 그게 뭐지?"

"속력은 빠르고 느린 정도를 숫자로 나타낸 양입니다. 움직인 거리를 시간으로 나눈 값으로 정의하지요. 그리고 속도는 빠르기뿐 아니라 방향도 따지는 양입니다. 그런데 이렇게 말을 타고 달리면서 사과를 던지면, 사과의 속도는 멈추어 있을 때 던진 사과의 속도에 말의 속도가 더해집니다. 이것을 속도 덧셈의 법칙이라고 하지요. 그러니까 정지 상태에서 던진 사과의 속도가 시속 100킬로미터이고 말의 속도가 시속 80킬로미터이면 멧돼지에게 날아간 사과의 속도는 시속 180킬로미터인 것이지요. 이 정도 속도로 맞으면 천하의 멧돼지도 한 방에 잡을 수 있습니다."

"오호! 그렇게 심오한 뜻이 숨어 있다니. 감탄이 절로 나오는구나."

유천은 길동이 물리를 실생활에 응용하는 능력이 비범하지 않음을 다시 한번 깨달았다.

히이잉~

그때 갑자기 유천의 말이 커다란 울음소리를 내며 무서운 속도로 달리기 시작했다. 놀란 길동이 유천을 뒤쫓았다.

"형님! 말을 진정시켜 보세요!"

"오늘따라 말이 내 말을 안 듣는구나. 이대로 가면 절벽인데 어찌 하면 좋겠느냐?"

"걱정하지 마세요, 형님. 제게 좋은 방법이 있어요."

길동은 다급히 말을 몰더니 유천의 말과 같은 속도로 나란히 달리기 시작했다.

"형님! 제 말로 건너 타세요!"

"이렇게 빠른 속도로 달리고 있는데 어찌 건너 타란 말이냐?"

"형님, 지금 제 말과 형님 말의 속도는 같습니다. 그러면 형님에게 제 말은 정지해 있는 것과 마찬가지이기 때문에 건너 타기 어렵지 않습니다. 시간이 없어요! 곧 절벽이에요!"

유천은 도무지 납득이 가지 않았지만 지금 상황에서는 길동의 말을 믿는 수밖에 달리 도리가 없었다.

"좋다. 너의 말을 믿고 한번 뛰어 보겠다. 설사 내가 죽더라도 널 원

망하지 않으마."

유천은 잠시 망설이다가 두 눈을 질끈 감고 길동의 말을 향해 몸을 날렸다. 순간 길동은 재빠르게 그의 팔을 붙잡아, 땅에 떨어질 뻔한 유천을 가까스로 구해 냈다. 길동은 유천을 자신의 앞자리에 태운 뒤 말의 속도를 서서히 줄였다. 길동 덕분에 유천은 간신히 목숨을 건질 수 있었다.

유천은 잠시 숨을 고르더니, 길동을 보며 감탄한 표정으로 말했다.

"길동아, 네가 나를 살렸구나. 하지만 어찌 저리 빠르게 달리는 말에서 나를 이리도 쉽게 받아 낼 수 있었느냐? 무슨 비결이라도 있는 것이냐?"

길동은 미소를 지으며 대답했다.

"비결이라기보다는, 이는 물리의 이치입니다. 같은 속도로 움직이면 멈추어 있는 것과 같다고 할 수 있지요. 그래서 형님을 어렵지 않게 받을 수 있었습니다."

유천은 길동의 설명에 고개를 갸웃거렸지만, 길동에게 한없이 고마움을 느꼈다. 두 사람의 우애는 그날 이후 더욱 깊어졌다.

"길동이 어디 있느냐! 어서 내 앞에 썩 나오지 못할까!"

홍 판서의 목소리가 집 전체를 흔들 정도로 우렁차게 퍼졌다. 길동과 유천은 서둘러 홍 판서의 방으로 뛰어갔다.

"부르셨습니까?"

"길동이 네 이놈! 너는 어찌하여 지켜야 할 법도를 어기고도 내 앞에 당당하게 서 있느냐!"

"그게 무슨 말씀입니까?"

"정녕 이유를 모른단 말이냐? 너는 어찌하여 유천과 형님 아우 하면서 사이좋게 지낸단 말이냐. 내가 언제 너에게 호부호형을 허락하였느냐!"

길동은 말문이 막혔다. 그랬다. 홍 판서가 길동에게 호부호형을 허락하지 않았지만 길동은 유천과 단둘이 있을 때 유천을 형님으로 모시며 지냈던 것이다. 홍 판서 옆에 앉아 있는 초란의 얼굴에는 독기 어린 미소가 가득했다.

"네 이놈, 어서 말해 보거라. 내가 너에게 호부호형을 허락했느냐 안 했느냐?"

"허락하지 않으셨습니다."

"괘씸한 놈. 꼴도 보기 싫다! 당장 내 눈앞에서 사라져라!"

"아버지, 그것만은……."

"유천이 너도 쫓겨나고 싶으냐? 넌 잠자코 있어라."

"판서 나리, 어서 길동을 쫓아내십시오. 서자로서 제 신분에 맞지 않게 행동한 자는 마땅히 쫓겨나야지요. 호호호~"

초란이 길동을 노려보며 말했다.

결국, 길동은 눈물을 삼키며 어머니인 춘섬에게 절을 올리고 집을 나섰다.

"길동아, 부디 몸조심해라. 어딜 가더라도 넌 꼭 잘될 것이야."

"감사합니다, 형님. 인연이라면 반드시 다시 만나겠죠. 그날을 기다리겠습니다."

유천은 길동의 등을 다독였다. 초란은 기둥 뒤에 숨어 입가에 야비한 웃음을 띤 채 길동이 떠나는 모습을 바라보았다.

길동은 무거운 마음을 추스르며 집을 뒤로 하고 숲길을 올라갔다.

"멈춰라!"

그때 갑자기 숲속에서 덥수룩한 모습의 산적 세 명이 튀어나왔다.

"너희들은 왜 지나가는 사람의 앞길을 막느냐?"

"우리로 말할 것 같으면, 이 산의 주인인 산적 삼 형제다! 핫핫핫!"

세 명의 산적은 프로필 사진이라도 찍는 듯 저마다 포즈를 취하며 큰 소리로 외쳤다.

"난 산적 삼 형제의 맏형, 마산이다!"

"난 산적 삼 형제의 둘째, 우산이다!"

"난 산적 삼 형제의 막내, 양산이어요~!"

"그래서 우리는 산적 삼 형제다!"

길동은 그들의 행동이 너무나도 우스워 키득거렸다.

"지금 우리를 비웃는 거냐?"

"하하하, 아니 그런 건 아니고, 근데 눈곱은 좀 떼고 나오지 그랬어. 세수들은 했냐?"

"세수? 그, 그딴 걸 왜 하냐. 산적이라면 자연과 벗 삼아 살아가는 일종의 음, 뭐랄까, 산신령 같은 존재다!"

"산신령? 하하하! 산신령이 눈곱이나 끼고 세수도 안 한다면 좀 우습지 않겠냐?"

"감히 산적 삼 형제를 놀리다니…… 넌 살아 돌아갈 생각일랑 아예 말아라!"

"그래! 여길 지나가려면 통행료를 내!"

"내가 왜 자연에 난 길을 가는데 너희 같은 산적에게 통행료를 내야 하느냐?"

"왜냐하면…… 음, 아. 암튼 여긴 우리가 먼저 있었으니깐!"

"그런 논리가 어디 있느냐?"

"여기에 있다! 그건 우리 맘이야!"

산적 삼 형제가 일제히 긴 칼을 뽑아 들었다. 길동도 이에 질세라 조그만 칼 한 자루를 꺼냈다.

"하하하! 그 조그만 칼로 우리 셋을 상대하려고? 가소롭구나."

"길고 짧은 건 대 봐야 알지."

길동이 산적 삼 형제를 약 올리듯 말하자 양산이 먼저 칼을 들고 길동을 향해 달려들었다. 양산은 있는 힘을 다해 길동을 칼로 밀었다. 길동은 작은 칼로 온 힘을 다해서 버티다가 순간적으로 기지를 발휘해 칼에 힘을 빼면서 옆으로 굴렀다.

"자, 관성 전법이다!"

"어이쿠!"

양산은 자신의 힘에 못 이겨 앞으로 구르면서 진흙탕에 처박혔다.

"하하하! 힘으로 흥한 자 힘으로 망하리라. 이것이 바로 관성을 이용한 관성 전법이다. 힘으로 밀어붙여 앞으로 나아가다가 내가 작은 칼을 치우면, 계속 움직이려고 하는 성질 때문에 너는 앞으로 넘어지게 되지. 그런 성질을 관성이라고 하느니라. 이 바보들아, 힘보다 앞서는 게 바로 과학이야. 공부 좀 하거라!"

길동의 당당한 포스에 산적들은 주춤거렸다. 그러자 맏형, 마산이 소리쳤다.

"좋다. 첫 게임은 우리가 졌다. 힘 하면 나 마산이다. 나와 힘 대결을 해서 이기면 통행료는 없던 걸로 하겠다!"

"천하의 이 홍길동에게 힘 자랑을 하다니."

길동은 회심의 미소를 짓더니 주위를 두리번거리다가 커다란 바위 하나를 찾았다.

"물체를 들어 올리려면 물체의 무게만큼의 힘이 물체 위쪽 방향으로 작용해야 한다. 왜냐하면 지구가 물체를 잡아당기고 있는데, 그 힘이 바로 물체의 무게이기 때문이다. 지구가 물체를 잡아당기는 힘보다 약

한 힘으로 물체를 들어 올리면 물체는 위로 들리지 않지. 그럼, 지금부터 지구를 상대로 힘자랑을 해 보자꾸나."

"우쒸, 무슨 말인지 하나도 모르겠다. 우린 서당 중퇴라서 말이야. 네가 유식한 건 알겠지만, 힘으로는 이 마산이에게 안 될걸."

마산은 손에 침을 퉤퉤 묻히고 연신 손바닥을 쳤다.

마산이 바위를 잡고 힘을 쓰기 시작했다. 바로 그때, 길동이 손톱으로 자신의 칼을 박박 긁기 시작했다.

끼이이익~ 으악!

마산은 바위를 들어 올리다가 벌러덩 뒤로 넘어졌다.

"하하하! 자신만만하더니 꼴좋구나. 우산인지 찢어진 양산인지, 너희들이 들어 보겠느냐?"

"나 우산이 들어 보겠소!"

우산이 길동을 흘겨보고 마산을 옆으로 밀쳐 내더니 바위를 잡았다.

길동은 다시 손톱으로 칼을 긁었다.

끼~이~이~익~

아까보다 더욱 요란한 소리가 들렸다. 소름이 돋을 정도로 듣기 싫은 소리였다.

우산 역시 바위를 반쯤 들어 올리다가 귀에 거슬리는 소리를 듣고는 바위를 떨어뜨렸다.

"우산, 너도 마산이랑 똑같구나. 겨우 그 정도 실력으로 날 이기려 들

다니."

이제 길동의 차례가 되었다.

"이 미련한 놈들아. 사람이 싫은 소리를 듣거나 싫어하는 걸 생각하면 힘이 약해지고, 맛있는 것이나 좋아하는 걸 떠올리면 신경계가 활성화되어 근육의 힘이 세진단다. 나는 먹고 싶은 걸 떠올려 봐야겠군. 피자, 랍스타, 스테이크, 탕수육……."

길동은 속으로 맛있는 음식을 외치더니 바위를 번쩍 들어 올렸다.

"헉!"

잠시 머리를 맞대고 의논을 하던 산적들은 길동에게 머리를 조아렸다.

"형님으로 모시겠습니다! 부디 저희를 받아 주십시오!"

"이런, 어서 일어나라. 난 너희들의 형님이 될 수 없어. 나이도 너희들이 나보다 더 많아 보이는걸."

"나이는 숫자에 불과합니다. 부디 저희들의 청을 거절하지 말아 주십시오."

길동은 기가 막혔다. 그러나 한편으로는 혼자보다는 넷이 지내는 것이 나을 것 같다는 생각도 들었다.

"좋다. 그럼 내가 너희들의 두목이 되겠다. 대신 조건이 있다. 너희들은 내 명령을 잘 들어야 한다."

"하하하! 여부가 있겠습니까. 아우들아, 형님이 되어 주신단다."

마산이 기뻐하며 말했다.

"하하하! 형님~ 산적이라 행복해요~"

"어리석은 소리 말거라! 이제부터 우리는 가난한 사람들을 돕는 조직으로 다시 태어난다. 우리 이름은, 그래 활빈당이 좋겠구나. '활빈'은 '가난한 사람을 살린다'는 뜻이니, 앞으로 우리는 힘없는 이들을 돕는 일을 할 것이다. 이제부터 너희들은 망나니 산적이 아니라 나를 도와주는 활빈당 삼 형제가 되는 것이다."

길동이 단호히 외쳤다.

더 알아보기

유천

달리는 말에서 다른 말로 쉽게 옮겨 탈 수 있는 특별한 재주가 있나?

길동

형님이 말에서 말로 쉽게 옮겨 탈 수 있었던 이유는 간단합니다. 두 말의 속도가 같기 때문이지요. 이렇게 두 말의 속도가 같으면 형님이 볼 때 옆의 말의 속도는 0인 것처럼 느껴집니다. 우리가 자동차를 타고 같은 방향으로 달리는 트럭을 본다고 해 보죠. 두 자동차의 속도가 같으면 우리가 볼 때 트럭은 정지해 있는 걸로 보입니다. 이렇게 우리가 움직일 때 느끼는 속도를 상대 속도라고 합니다. 상대 속도는 트럭의 속도에서 우리가 탄 자동차의 속도를 뺀 값이지요. 그러니까 우리가 탄 자동차에 대한 트럭의 상대 속도는 0이 되어 트럭이 정지해 있는 걸로 보이게 됩니다. 그래서 형님이 자연스럽게 다른 말로 옮겨 탈 수 있었던 것입니다.

마산

관성이 대체 뭡니까? 어느 나라에 있는 성씨인가요?

길동

무식한 놈들, 쯧쯧. 잘 들어라! 버스를 타 본 적 있을 거야. 버스가 출발할 때 하체는 버스 바닥에 붙어 있어서 버스와 함께 움직이지만, 상체는 관성 때문에 원래 자리에 있으려고 해서 몸이 뒤로 쏠리게 되지. 반대로 버스가 멈출 때는 하체는 멈추지만 상체는 계속 앞으로 가려는 성질 때문에 앞으로 쏠리게 되는 거야. 마치 버스 안에서 누군가 승객을 앞이나 뒤로 끌어당기는 힘이 있는 것처럼 느껴지지만, 사실 그건 관성력이라고 불리는 현상일 뿐, 실제로 그런 힘이 있는 건 아니야.

2막

길동, 과학의 힘으로
응징하다

마을은 오일장을 맞아 사람들로 북적였다. 곳곳에서 물건을 파는 상인들은 저마다 자신의 물건이 최고라며 목청 높여 외쳤다. 길동은 삼 형제를 데리고 시장 구경을 나섰다.

"무슨 물건을 파는지 구경이나 가 볼까?"

장터 한가운데, 많은 사람들이 모여 웅성거리고 있었다. 길동 일행은 사람들 사이를 비집고 들어갔다.

"자자, 여기 달걀 세 개가 있습니다. 단 한 개만 삶은 달걀이고 나머지는 날달걀입죠. 삶은 달걀을 알아맞히는 분께는 건 돈의 열 배를 드리겠습니다요. 헤헤헤~"

장사꾼은 목청 높여 소리를 질러 댔고, 사람들은 여기저기서 자신감에 찬 목소리로 돈을 걸기 시작했다. 삼 형제도 서로 자신이 고른 달걀에 가진 돈 모두를 걸었다.

"첫 번째가 삶은 달걀일까요? 아니면 두 번째? 짜잔~! 안타깝습니다만 세 번째 달걀이 삶은 달걀입니다. 헤헤헤~"

장사꾼은 자신의 말을 증명이라도 하듯 사람들 앞에서 달걀을 깨 보였다.

"나머지 두 개가 삶은 것이 아니라는 증거가 있습니까? 우리가 보는 앞에서 달걀을 깨 보시오!"

돈을 잃은 사람들이 아우성쳤다.

"좋습니다. 당장 보여 드립죠. 헤헤헤~"

장사꾼은 기다렸다는 듯 나머지 두 개의 달걀을 깨 보였고, 장사꾼 말대로 나머지 두 개는 날달걀이었다.

"에구구. 가진 돈 전부를 잃었구나!"

"마산 형님, 그러게 이런 노름은 타짜가 아니고선 맞출 수가 없다니까요."

"그래, 양산이 네 말이 맞구나. 아이고, 아까운 내 돈~"

"내가 잃은 돈을 따 줄까?"

"에잇, 하지 마세요. 형님 돈마저 다 잃습니다. 이 노름은 정말 타짜가 아니고선 힘들다니까요."

"어허, 날 무시하느냐? 내가 바로 타짜이니라."

"하하하, 거짓말. 그럼 증거를 대 보세요."

"좋다. 그럼 내가 돈을 걸어서 따 오면 되겠지?"

길동은 자신이 가진 돈 삼십 냥을 가지고 장사꾼에게 갔다.

"이보시오, 내가 가진 돈이 삼십 냥인데 다 걸어도 되겠소? 근데 이 게임에 규칙이 있습니까?"

"규칙이라 하긴 뭐하지만, 달걀을 깨뜨려 보지만 않으시면 됩니다 요. 헤헤헤~"

"깨뜨리지 않고 만져 보는 건 괜찮소?"

"당연합죠. 자, 시작합니다!"

장사꾼은 세 개의 달걀을 이리저리 섞기 시작했다. 손놀림이 워낙 빨 라 웬만한 사람의 눈으로는 따라잡기 힘들 정도였다. 하지만 길동은 아예 달걀 섞는 모습을 보지도 않았다.

"자, 다 됐습니다. 달걀 섞는 모습을 뚫어지게 봐도 맞출까 말까인데, 안 보고도 과연 맞출 수 있을까요? 헤헤헤~"

장사꾼 말에 사람들이 다 같이 웃음을 터트렸다.

"어디 보자. 어느 것이 삶은 달걀인고."

길동은 찬찬히 세 개의 달걀을 보았다. 그러더니 달걀을 하나씩 들어 바닥에 핑그르 돌려 보았다. 세 개를 다 돌리고 난 뒤, 길동은 회심의 미소를 지으며 장사꾼을 쳐다보았다.

"세 번째 달걀에 삼십 냥 전부를 걸겠소."

길동의 말을 들은 장사꾼의 얼굴에 갑자기 식은땀이 흘렀다.

"어서 정답을 공개하시오. 여기 사람들의 궁금해하는 표정이 보이지 않소?"

장사꾼은 불안한 기색을 감추지 못하고 안절부절못했다.

"그럼, 내가 해 보겠소."

길동은 한 치의 망설임도 없이 첫 번째와 두 번째 달걀을 바닥에 던졌다. 달걀은 바닥에 부딪혀 깨졌고, 사람들은 모두 눈을 휘둥그레 뜨고 길동과 달걀을 번갈아 보았다.

"자. 첫 번째와 두 번째 달걀이 날달걀이었습니다. 그럼 마지막 남은 이 달걀은?"

길동은 남은 세 번째 달걀을 픽! 자신의 머리로 깼다. 달걀 껍데기가 보기 좋게 갈라지더니, 그 사이로 먹음직스러운 하얀 속살이 드러났다.

"우아, 정말 대단하군!"

사람들이 환호성을 질렀다.

"길동 형님, 어떻게 세 번째 달걀이 삶은 달걀인 걸 아셨습니까?"

"하하하! 이것이 바로 과학의 힘이니라. 정지해 있는 물체는 계속 그 자리에 머무르려는 고집이 있는데, 이 고집은 물체가 무거울수록 더 강하지. 즉, 멈춰 있던 물체를 돌리려고 하면, 물체는 돌아가지 않으려고 고집을 부리는 거야. 이 고집은 물체의 모양에 따라 서로 다른데, 회전축 주위에 질량이 몰려 있는 물체는 고집이 약하고, 회전축에서 멀리 떨어진 곳에 질량이 몰려 있는 물체는 고집이 강해 잘 돌지 않지. 그래서 속이 꽉 찬 삶은 달걀은 날달걀과 달리 회전축 주위에 질량이 몰려 있어서 조금만 힘을 주어도 쉽게 돈단다. 나는 세 개의 달걀을 동시에 돌려 보고 가장 잘 도는 걸 골랐지."

삼 형제는 길동의 말이 무슨 소린지 도통 알 수 없었으나 길동이 엄청 유식해 보이는 것만은 분명했다.

길동은 장사꾼에게서 삼백 냥을 받아 삼 형제에게 옷을 한 벌씩 사주고, 이발소에 데리고 가 느티나무 가지처럼 헝클어진 머리를 손질해 주었다.

"어서 일어나! 아침 해가 벌써 중천에 걸렸다!"

길동은 서둘러 삼 형제를 깨웠다.

"아이고~ 길동 형님, 벌써 아침입니까?"

"그래, 어서 일어나서 떠날 채비를 하여라."

길동과 삼 형제는 서둘러 준비를 마치고, 아침도 대충 먹는 둥 마는 등 한 채 바로 주막을 떠났다.

"왜 이렇게 서두르시는 겁니까. 형님?"

"사이비 종교의 교주가 악랄한 사기로 신도들의 재산을 갈취한다고 들었다. 그 돈을 빼앗아 백성들에게 돌려주는 게 우리의 첫 임무이니라."

"그렇군요. 드디어 활빈당의 첫 번째 미션이군요! 이러다가 우리가 영웅이 되는 건 아닌지 모르겠습니다요, 크크크."

"하하하! 산적이 영웅이 된다? 그거 재밌겠군."

길동과 삼 형제는 주거니 받거니 대화를 나누며 비리의 온상인 자성교 본부를 향했다. 자성교 본부는 봉화산 중턱에 있었는데, 신도 수만 해도 천 명은 족히 될 듯 보였다. 산속에 지어진 것치고는 눈에 띄게 웅장하고 화려한 건물은 황금 기둥과 보석으로 장식된 기와들로 빛나고 있었다. 그 모습을 본 길동과 삼 형제는 그동안 자성교가 얼마나 많은 백성들의 돈을 갈취해 왔는지를 단번에 알 수 있었다.

길동과 삼 형제는 신도인 척하며 대형 집회장 안으로 들어섰다. 마침 새로 온 신도들을 환영하는 장대한 음악이 울려 퍼졌고, 새로 온 신도들은 교주의 앞으로 나오라는 사회자의 말이 이어졌다. 신도들이 연신 절을 하며 교주 앞으로 나가자 교주는 신도들에게 헤어밴드를 건네며 착용하게 했다.

"이제 우리의 위대한 '철커덕 신'의 놀라운 기적을 보여 드리겠습니

다. 철커덕 신의 은혜를 입은 사람은 제 손에 끌려 올 것이고, 믿음이 없다면 멀어질 것입니다. 멀어진 신도들은 반성하며, 반성의 의미로 자신의 재산을 모두 바쳐야 구원을 얻을 수 있습니다. 신도 여러분, 철커덕 신을 믿습니까?"

"믿습니다!"

신도들이 동시에 외쳤다. 놀랍게도 교주가 신도들의 머리에 손을 대자, 머리가 교주의 손에 끌려 오는 사람도 있고, 멀어지는 사람도 있었다. 교주와 멀어지는 사람들은 부끄러워하며 고개를 숙인 채 중얼중얼 반성의 서약을 읊으며 자신의 전 재산을 철커덕 신에게 바칠 것을 약속했다.

"저런 나쁜 놈들! 자석의 성질을 이용하여 불쌍한 백성들의 돈을 갈취하다니."

길동은 기가 찼다.

"자석의 성질이라뇨?"

마산은 길동이 이번에는 무슨 소리를 하려고 저러나 하는 눈빛으로 물었다.

"자석은 N극과 S극이라고 하는 양극으로 이루어져 있어. 그런데 자석은 같은 극끼리는 서로를 밀치는 힘이 작용하고, 반대 극끼리는 서로 끌어당기는 힘이 작용하지. 교주는 그걸 이용한 거야."

"도대체 자석이 어디에 있다는 겁니까요, 형님?"

"어디겠느냐? 당연히 헤어밴드 안이겠지. 원판 모양 자석의 N극이 밖을 향해 있을 거야. 교주의 오른손에는 자석의 N극이 밖을 향해 붙어 있고, 왼손에는 자석의 S극이 밖을 향해 붙어 있겠지. 그러니까 교주는 미리 자신의 심복 몇 명과 짜고 자기가 왼손을 가져다 대면 신도들이 끌려오도록 손을 써 놓은 거지. 그리고 오른손을 가져다 대어 자석의 같은 극이 서로를 밀쳐내어 신도들을 손에서 멀어지게 만든 것이지. 그걸 이용하여 신도들에게 신앙심이 부족하다고 속이고 돈을 갈취한 거야."

길동이 성난 표정으로 말했다.

"저런 몹쓸 놈이 있나!"

마산, 우산, 양산이 동시에 화난 목소리로 소리쳤다.

"이제 그만 가자. 이곳은 더 이상 조사할 것도 없구나. 당장 오늘 밤에 우리의 계획을 실행해야겠다."

"알겠습니다. 형님."

길동과 삼 형제는 서둘러 자성교 본부를 떠나 마을로 내려왔다.

어두운 밤이 찾아왔다. 밤이 되면 자성교 본부에서는 갈취한 돈과 양식으로 한바탕 잔치가 벌어졌다.

"자, 작전 개시!"

길동이 소리쳤다.

"내 돈을 돌려줘~ 내 돈을 돌려줘~"

마산, 우산, 양산이 제각각 서로 다른 귀신 소리를 냈다. 그 소리에 잔치를 벌이던 사람들이 웅성대며 밖으로 나왔다. 바로 그때, 깜깜한 어둠 속에서 도깨비불이 춤을 추더니 점점 그 수가 늘었고, 그중 몇 개는 공중에서 요란하게 회전하기 시작했다. 그리고 삼 형제의 귀신 소리도 계속되었다.

이놈들~
유령이다~
나는 김첨지
너희를
지옥으로 데려가겠다~
아이고~
유령님~
한번만 용서해
주십시오~

자성교의 교주는 그만 혼이 빠지게 놀라 그 자리에 풀썩 주저앉았다. 그때 춤추는 도깨비불들 속에서 낮은 목소리가 들려왔다.

"네 이놈들! 나는 너희들 때문에 재산을 모두 날리고 귀신이 된 김 첨지의 유령이니라. 내가 오늘 너희들을 지옥으로 데리고 갈 것이다."

"아이고~ 잘못했습니다! 한 번만 용서해 주십시오. 첨지님, 아니 유령님!"

교주가 눈물로 뒤범벅된 얼굴로 애원했다.

"오냐, 내가 너그러운 마음으로 이번 한 번은 용서해 주겠다. 허나 다시는 이런 사기로 백성들의 재산을 빼앗는 짓은 하지 말아야 할 것이다. 그리고 날이 밝는 대로 백성들에게서 갈취한 물건과 돈을 당장 돌려주고 머리 숙여 사죄하도록 해라."

"여부가 있겠사옵니까, 반드시 그 약속 지키겠습니다!"

교주가 눈물로 참회하자 도깨비불은 언제 그랬냐는 듯 한순간에 사라졌다. 그리고 다음 날, 교주는 물건과 돈을 마을 사람들에게 돌려주고 영영 마을을 떠났다.

"길동 형님, 그런데 도깨비불은 정말 도깨비가 만든 겁니까?"

양산이 순진한 표정으로 물었다.

"이놈아, 요즘 세상에 도깨비가 어디 있느냐? 야광 물질을 비닐봉지에 발라 놓고 비닐봉지 안을 뜨거운 공기로 채워 날아다니게 한 것이다. 야광 물질은 낮에 빛을 흡수했다가 어둠이 왔을 때 조금씩 빛을 내는 물질이니라.”

길동이 양산의 머리를 가볍게 툭 치며 도깨비불의 정체에 대해 설명했다. 이렇게 활빈당의 활약으로 마을에는 다시 평화가 찾아왔다. 그리고 길동은 활빈당 삼 형제와 함께 발걸음 가볍게 함경도로 향했다.

“정말 더운 날씨구나. 목도 마른데 저기 우물가에 가서 물이나 한 사발 얻어먹고 가자꾸나.”

길동 일행은 마을을 지키는 수호신 장승을 지나 우물가로 다가갔다. 우물가에는 아름다운 처자가 물을 긷고 있었다.

"낭자, 죄송한데 물 한 사발만 주실 수 있겠습니까?"

처자는 말 없이 물동이를 내려놓고, 물 한 사발을 뜬 뒤 느티나무 잎사귀 하나를 따서 사발에 올려 길동에게 주었다.

"이 잎사귀는 무슨 연유로 올려놓은 것입니까?"

"도련님 갈증이 너무 심해 보여 급하게 드시다가 물이 기도로 넘어가 숨을 못 쉬게 되실까 걱정되어 천천히 드시라고 올려놓은 것입니다."

처자는 고개를 숙인 채 나지막한 목소리로 말했다.

"그렇게 깊은 뜻이 있었군요. 감사합니다. 나는 길동이라고 하오만 낭자의 이름은?"

길동은 처자의 지혜로움에 마음이 끌렸다.

"저는 꽃분이라고 하옵니다."

처자는 기어드는 작은 목소리로 말했다.

"그런데 혹시, 마을에 하룻밤 묵을 수 있는 곳이 있습니까?"

"하룻밤이라면 저희 집에 머무시는 게 어떨지요?"

"정말 그래도 되겠습니까?"

"네, 초라한 초가집이지만 그것 또한 괜찮다면 묵고 가세요."

"감사합니다."

길동 일행은 꽃분의 집에서 하룻밤을 보내고 다음 날 아침 꽃분이와 함께 마을 구경을 나섰다. 마을에는 뼈만 남은 사람들이 여기저기서

구걸하고 있었다.

"마을에 웬 거지들이 이렇게 많습니까?"

길동이 물었다.

"그건……."

꽃분은 말을 멈추더니 갑자기 울음을 터트렸다. 울음이 좀처럼 그치지 않더니 굵은 눈물방울이 강이 되어 흐르는 듯했다. 한참 후에 꽃분이 입을 열었다.

"이것이 다 새로 부임한 사또 때문입니다. 마을은 오랜 가뭄으로 농사가 안되어 먹고 살길이 막막했습니다. 그런데 최근 마을을 둘러본 암행어사님이 마을 사정을 조정에 알려 나라에서 곡물을 하사해 굶주림 없이 살 수 있었지요. 그런데 새로 온 사또가 이 곡물들을 모두 빼돌려 자신의 창고에 두고 마을 사람들에게는 한 톨도 나눠 주지 않아 마을 사람들이 저렇게 고생하고 있답니다."

"암행어사에게 이 사실을 다시 알리면 되지 않소?"

"지금 조정은 간신들이 권력을 차지하고 있어 백성들의 어려움에는 귀를 기울이지 않아요. 그리고 소문에 의하면 우리 마을을 도와주었던 암행어사님도 간신들의 모략 때문에 옥살이를 하고 있다고 합니다."

꽃분은 흐르는 눈물을 참아 가며 겨우 말을 이었다.

"형님, 아무래도 우리 활빈당이 나서야겠군요."

양산이 의협심에 불타오르는 눈빛으로 말했다.

"좋다. 이 마을은 우리가 접수한다. 이제 사또의 창고에 있는 곡물을 모두 빼돌려 마을 사람들에게 나누어 주는 것이 우리의 임무이다. 아자! 아자! 파이팅!"

"뭔지 모르지만 우리도 파이팅!"

삼 형제가 동시에 외쳤다. 길동은 다시 꽃분의 집으로 돌아가 사또를 골탕 먹일 궁리를 하면서 하루하루를 보냈다. 그러던 중 길동 일행에게 기회가 찾아왔다. 바로 내일, 마을의 아름다운 개천이 내려다보이는 정자에서 사또의 생일 잔치가 성대하게 열릴 거라는 소식을 듣게 된 것이다.

"그래! 바로 이거다. 시끌벅적한 생일 잔치라…… 사또를 공격하기에는 안성맞춤이군."

길동은 회심의 미소를 지었다.

다음 날 길동은 아침부터 서둘러 몇 가지 도구를 챙긴 후 삼 형제와 꽃분을 데리고 마을로 내려갔다.

12시 정각이 되자 태양 빛이 작열했다. 길동 일행의 온몸에 땀이 한 움큼 흘러내렸다.

"헥헥~ 형님, 너무 더운데 밤에 공격하면 안 될까요? 헥헥~"

마산이 연신 땀을 닦아 내며 피곤에 지친 목소리로 말했다.

"아니다. 이번 작전에는 뜨거운 태양이 필요해."

길동은 사또의 생일 잔치가 열리는 정자 주변에 커다란 오목 거울 여러 개를 설치하고 각도를 정확하게 조절하더니 검은 천으로 오목 거울을 덮었다. 그리고 길동 일행은 몸을 숨기고 사또가 오기만을 기다렸다. 잠시 후 사또가 일행들을 데리고 정자 위에 자리를 잡았다.

"하하하! 오늘 진탕 놀아 보자꾸나."

사또의 웃음소리가 숲에 울려 퍼졌다.

"홍홍홍, 여부가 있겠습니까요~ 우리의 희망, 우리의 등불, 우리의 위대한 지도자이신 사또님의 생신날인데요."

이방이 양손을 비벼 대며 사또에게 아부했다. 사또의 생일 잔치가 즐겁게 이어졌다.

"마산, 우산, 양산, 이때다! 천을 벗겨라!"

길동이 소리쳤다.

삼 형제는 오목 거울을 덮고 있던 천을 일제히 벗겼다. 그러자 갑자기 오목 거울에 반사된 강력한 태양 빛이 정자로 날아가더니 정자에 불이 붙기 시작했다.

"불이야!"

이방이 닭다리를 뜯다 말고 다급하게 소리쳤다. 이 소리에 사또가 황급히 정자에서 내려오려고 허둥지둥하다가 그만 3미터 아래로 곤두박질쳤다.

"우아! 형님, 이건 완전 화염 방사기네요."

양산이 놀란 토끼 눈으로 길동에게 말했다.

"빛의 성질을 이용한 것뿐이니라. 빛은 공간 속을 직선으로 이동하는 성질이 있지. 빛이 평면거울을 만나면 반사되는데 들어갈 때와 나올 때가 똑같은 각도로 반사된단다. 그런데 오목 거울은 빛을 하나의 점에 모으는 성질이 있지. 나는 그 하나의 점이 정자의 한곳을 맞추도록 오목 거울을 설치해 놓은 거야. 이렇게 빛이 한꺼번에 한 점에 모이게 되면 빛의 세기가 강해지면서 빛을 받은 부분의 온도가 높아져 불이 붙게 되는 것이란다."

"아하! 그렇군요."

"자, 그럼 이제 창고를 털어 볼까?"

길동과 삼 형제는 꽃분이 준비해 놓은 말을 타고 관아로 달려갔다. 길동의 예상대로 사또의 생일 잔치 때문에 관아는 평상시보다 적은 수의 포졸들이 지키고 있었다. 길동은 관아의 뒤편에 곡물 창고가 있다는 사실을 알고 꽃분과 삼 형제에게 수레를 준비해 미리 관아 뒤편의 담에 가져다 놓으라고 시켰다.

그 사이 길동은 도르래 여러 개를 연결한 뒤 줄을 매달아 담 위에 설치했다. 그러고는 담을 넘어 창고 안으로 들어갔다. 창고 문을 열자, 스무 가마가 넘는 쌀이 창고 안에 빼곡하게 채워져 있었다.

"많이도 빼돌렸군!"

길동은 창고 안을 둘러보며 씁쓸한 표정으로 말했다.

"형님, 수레가 준비되었습니다!"

마산의 목소리였다.

"마산은 담 위로 올라가 앉아 있고, 우산은 내가 명령하면 줄을 잡아 당겨라. 그럼 쌀 한 가마니가 담 위로 올라갈 것이다. 그때 마산은 갈고리를 풀어 쌀가마니를 떨어뜨리면 된다. 그리고 양산이와 꽃분 낭자는 떨어진 쌀가마니를 수레에 실어라."

길동은 말을 마치자마자 창고 안에서 쌀가마니를 끌고 나와 담 안쪽에 내려져 있는 갈고리에 묶었다.

"올려라!"

길동의 명령에 담 밖에 있던 우산이 줄을 잡아당겼다. 놀랍게도 한 손으로 잡아당기자 무거운 쌀가마니가 술술 위로 올라갔다. 쌀가마니가 담 위까지 올라가자 마산은 쌀가마니를 담 밖으로 민 다음 갈고리를 풀어 쌀가마니를 바닥에 떨어뜨렸다.

'쿵' 하는 소리를 내며 쌀가마니가 담 밖으로 떨어졌고 꽃분과 양산이 쌀가마니를 수레에 실었다. 이렇게 분업하여 사또의 곡물 창고에 있던 쌀 스무 가마는 모두 수레로 옮겨졌다. 마지막으로 길동은 자신의 몸을 갈고리에 묶었고, 우산이 줄을 잡아당기자 길동의 몸이 담 위로 서서히 올라갔다. 마산은 습관적으로 길동의 몸을 담 밖으로 밀고는 갈고리를 풀었다. 그러자 '쿵' 하는 소리를 내면서 길동의 몸이 바닥으로 떨어졌다.

"어이쿠! 마산! 갈고리를 풀면 어떡해?"

길동이 화를 냈다.

"내 역할은 갈고리를 푸는 일이에요. 나는 임무에 충실한 것뿐이라고요."

마산이 입을 삐죽거리며 말했다.

"이놈아, 물체가 높은 곳에 있으면 위치 에너지를 가지게 돼. 그런데 물체가 떨어지면서 높이가 낮아지면 위치 에너지는 줄어들고, 줄어든 만큼 운동 에너지가 생겨. 운동 에너지가 크면 물체의 속력이 커지지. 내가 담 위에 있을 때 가지고 있던 위치 에너지가 바닥에 떨어지면 모

두 운동 에너지로 바뀌어 큰 속력으로 바닥에 부딪혔잖아. 그래서 큰 충격을 받았어. 하마터면 죽을 뻔했다, 이놈아."

길동은 자신이 아픈 이유를 설명하며 마산을 나무랐다. 하지만 마산은 자신의 행동이 왜 잘못되었는지를 아직도 잘 모르는 표정이었다.

"그런데 형님, 줄을 살살 잡아당겼는데 무거운 쌀 한 가마니가 왜 들어 올려진 거죠? 별로 힘도 안 준 거 같은데."

우산이 물었다.

"움직도르래를 이용해서 그래. 움직도르래 한 개가 물체를 들어 올리는 데 힘을 절반으로 줄여 줘. 그러니까 움직도르래 두 개를 설치하면 물체 무게의 1/4의 힘으로 물체를 들어 올릴 수 있는 거지. 이런 식으로 움직도르래를 여러 개 설치하면 아주 작은 힘으로도 쉽게 무거운 걸 들어 올릴 수 있어."

길동이 접질린 다리 근육을 주무르며 설명했다.

길동 일행은 쌀 스무 가마를 실은 수레를 끌고 마을을 돌아다니면서 굶주린 사람들에게 쌀을 골고루 나누어 주었다.

이제 길동과 삼 형제는 꽃분과 헤어질 시간이 되었다.

"낭자, 이제 우린 떠나야 하오. 우리를 필요로 하는 불쌍한 백성들을 위해서 말이오."

길동이 다부진 목소리로 말했다.

"도련님, 저도 데려가 주세요. 저도 활빈당의 일원이 되어 불쌍한 사람들을 돕고 싶어요. 앞으로 대장님이라고 부르며 시키는 일이라면 뭐든 하겠어요."

꽃분이 당찬 목소리로 말했다.

"난 찬성이오!"

"나도 찬성!"

"헤헤, 나도요."

삼 형제가 환한 웃음을 지으며 꽃분을 반겼다.

"좋소, 낭자. 그럼 함께합시다."

길동은 꽃분의 결연한 의지에 감동한 표정이었다. 이로써 길동의 활빈당은 삼 형제와 꽃분까지 모두 다섯 명으로 늘었다.

더 알아보기

우산

질량과 무게가 같은 말 아닌가요?

길동

질량과 무게는 비슷하게 들리지만 사실 다른 개념이야. 질량은 물체가 가지고 있는 고유한 양으로 물체가 무거운지 가벼운지를 수치로 나타낸 양이지. 그래서 물체가 어디에 있든 질량은 변하지 않아. 지구든, 달이든, 우주든 질량은 같지. 하지만 무게는 질량과 달라. 무게는 어떤 천체가 물체를 잡아당기는 힘이야. 이 힘을 중력이라고 하지. 그러니까 무게는 천체에 따라 달라. 천체가 물체를 잡아당기는 힘이 크면 무게는 커지고 천체가 물체를 잡아당기는 힘이 작으면 무게는 작아지지. 달은 지구에 비해 물체를 잡아당기는 힘이 작아서 달에서는 무게가 작아져.

양산

오목 거울과 볼록 거울은 어떤 차이점이 있나요?

길동

오목 거울은 가운데가 쏙 들어가 있어. 가까이서 보면, 와! 물체가 엄청 크게, 바로 서 있는 모습으로 보이지. 그런데 조금만 멀어지면? 갑자기 거꾸로 뒤집혀서 작아지는 신기한 일이 벌어져. 반대로, 볼록 거울은 가운데가 튀어나와 있어서, 물체가 작게 보이지만 항상 바로 서 있어. 가까이 있든 멀리 있든 작고 귀엽게 보이는 거지. 그래서 넓은 범위를 한눈에 보기 딱 좋아! 재미있지 않아? 한쪽은 크게, 한쪽은 넓게 보여서 상황에 맞게 쓸 수 있어.

활빈당,
관군과 맞서다

길동 일행은 함경도를 떠나 평안도 땅으로 향하고 있었다. 여름의 막바지 더위가 기승을 부렸다. 모두 지친 모습으로 길을 걷던 중 일행 앞에 갑자기 커다란 강이 나타났다. 마산과 우산, 양산은 누가 먼저랄 것도 없이 강으로 뛰어들었다. 그 모습을 길동과 꽃분이 바라보며 미소 지었다.

　　"제가 혹시 짐은 아닌지 모르겠습니다."

　　"아, 아닙니다. 솔직히 칙칙한 사내 네 명이 돌아다니니 웃을 일도 없었는데 꽃분 낭자가 활빈당에 들어와서 얼마나 기쁜지 모릅니다."

　　길동은 눈빛으로 감사함의 표시를 보냈고, 꽃분은 부끄러웠는지 수줍게 웃었다.

　　"길동 형님! 형님도 들어오세요. 정말 시원합니다."

　　물속에 풍덩 뛰어든 양산이 소리쳤다.

　　우산도 웃통을 벗어 던지고 물속으로 뛰어들었다.

"마산 형님, 제가 돌멩이를 던져 물고기를 맞출 테니 물고기가 둥둥 떠오르거든 건지세요."

우산이 돌멩이로 물고기를 겨냥하며 말했다. 그런데 물속을 헤엄치는 물고기를 향해 열심히 돌멩이를 던진 보람도 없이 돌멩이는 번번이 물고기를 비껴 갔다.

"어라, 이럴 리가 없는데. 내 돌팔매질 솜씨는 산적들 사이에서도 유명한데……."

"이놈아, 과학은 뒀다 뭣에 쓰느냐. 이럴 때 써먹어야지."

길동이 환하게 웃으며 말했다.

"형님, 물고기 잡는 데 무슨 과학씩이나 필요합니까?"

우산이 짜증 섞인 목소리로 투덜댔다.

"지금 네 눈에 보이는 물고기는 실제 물고기가 아니라 허상이야. 우리가 보는 물체는 물체에 반사된 빛이 우리 눈으로 들어오는 것이지. 그런데 빛이 물속으로 들어갈 때는 굴절이 된단 말이야. 이렇게 굴절된 빛이 우리 눈으로 들어오면 눈에 보이는 물체의 위치와 실제 물체의 위치가 달라지지. 물속에 있는 물체는 실제 위치보다 더 높은 곳에 있는 것처럼 보이거든. 그러니까 네가 물고기를 돌로 잡으려면 눈에 보이는 위치보다 아래쪽에 물고기가 있다고 생각하고 돌멩이를 던져야 한다, 이 말이야."

길동이 차분하게 설명했다.

"알겠습니다, 형님. 굴절이 뭔지 잘 모르겠지만, 일단 시키는 대로 던져 보겠습니다."

우산은 길동의 말대로 물고기가 보이는 위치보다 더 아래쪽을 겨냥하여 돌멩이를 던졌다. 철푸덕 하는 소리와 함께 기절한 물고기가 위로 떠올랐다. 마산과 양산은 헤엄쳐 물고기를 건졌다. 그날 우산 덕분에 길동 일행은 물고기 구이로 배불리 먹었다.

식사를 마친 길동 일행이 다시 강가를 걷고 있었다.

"형님, 저길 보세요!"

마산이 호들갑스럽게 소리쳤다. 마산이 가리킨 곳은 절벽이었고, 그 위에는 한 남자가 금방이라도 물에 뛰어들 듯했다. 길동 일행은 서둘러 절벽 위로 올라가 가까스로 남자를 절벽에서 먼 곳으로 끌어냈다.

"대체 무슨 일로 강에 뛰어들어 죽으려고 하십니까?"

길동이 차분한 어조로 물었다.

"나는 죽어야 합니다. 내 딸을……. 흑흑."

남자가 울먹이며 말했다.

"무슨 사연인지 얘기나 좀 들어 봅시다."

"나에게는 선희라는 딸이 있소. 아주 착하고 효성이 지극한 딸이지요. 그런데 내가 그만 마을에서 장사를 하다가 쫄딱 망하는 바람에 이 마을에서 최고 부자인 김 진사에게 삼백 냥의 빚을 졌지요. 내가 제때 빚을 못 갚자 김 진사가 내 딸을 하녀로 데리고 갔소. 지금 내 딸은 하루하루를 울며 보내고 있소. 평생 딸의 얼굴도 못 보고 남의 집 하녀로 만든 나 같은 아비가 살아서 무엇하겠소?"

남자는 말이 끝나기 무섭게 절벽으로 몸을 날리려 했다. 다행히 양산이 잽싸게 뛰어가 남자의 다리를 붙잡았다.

"좋아요. 우리가 당신의 딸을 구해 주겠소. 그러니 더 이상 죽는다는 말은 하지 마시오."

길동 일행은 남자를 달래 절벽 아래로 데리고 갔다. 길동은 활빈당

식구들과 머리를 맞대고 김 진사로부터 선희를 구출할 계획을 세웠다.

점심을 먹기 위해 주막에 들른 길동 일행은 주막에서 국밥을 먹고 있는 사람들을 휙 둘러보았다. 옆자리에서 혼자 국밥을 먹고 있는 남자에게 길동이 말을 붙였다.

"안녕하십니까?"

"안녕하슈. 여기 사람은 아닌 듯한데 어디서 오셨수?"

"한양에서 왔습니다. 지나가는 길에 잠시 들렀지요. 그런데 혹시 김 진사에 대해 뭐 아는 것 좀 있습니까?"

"하하하, 이 마을에서 김 진사를 모르면 간첩이지. 이 마을에서 제일 부자인 데다가 조정에 아는 사람도 많다고 하니 그 권세가 대단하지."

"역시 소문이 맞군요. 김 진사의 눈에 들면 벼슬 한자리 얻을 수 있다던데. 김 진사가 특별히 좋아하는 거라도 있나요?"

남자는 가재미 눈으로 주변을 스윽 한번 살피더니 길동의 귀에 대고 속삭였다.

"김 진사는 노래와 춤을 아주 좋아하지. 그러니까 노래 잘하고 춤 잘 추는 여인을 소개하면 김 진사의 눈에 들게 될 거요."

"그렇군요."

길동은 뭔가 작전이 떠오르는지 입가에 미소를 지었다. 그러고는 일행에게 말했다.

"자, 모여 봐라."

길동은 삼 형제와 꽃분이에게 귓속말로 작전을 전달했다.

"엥? 뭐라고요? 꽃분 아씨에게 춤과 노래를 하게 한다고요?"

"잠시 노래와 춤을 잘 추는 여인 역할을 하는 거야. 낭자가 이번에 큰 역할을 해 주셔야 할 것 같습니다."

"활빈당을 위해서라면 무슨 일이든 하겠습니다."

꽃분이 주먹을 굳게 쥐고 입술을 꽉 깨물며 말했다. 그날부터 꽃분은 밤낮으로 춤과 노래를 연습했다. 그리고 길동은 삼 형제에게 한양에서 최고의 춤 실력과 노래를 뽐내는 꽃분, 아니 꽃님 아씨가 이 마을에 왔다는 소문을 퍼트리게 했다.

마침내 길동의 작전대로 소문은 사람들의 입을 타고 김 진사의 귀에까지 들어갔다.

"여봐라."

김 진사가 하인을 불렀다.

"부르셨습니까요."

마당 청소를 하던 하인이 황급히 달려왔다.

"한양에서 온 꽃님 아씨를 불러오너라."

"예, 당장 모셔오겠습니다요."

하인은 마을 사람들에게 묻고 물어 꽃님 아씨가 머물고 있는 주막으로 찾아와 길동 일행을 김 진사의 집으로 데리고 갔다.

"그대가 한양에서 춤과 노래로 최고인 꽃님인가?"

김 진사는 꽃님을 찬찬히 훑어보았다.

"그렇습니다. 제가 춤과 노래의 요정 꽃님입니다. 제 춤과 노래는 조선 팔도에서 따라올 자가 없다고들 하지요. 호호호."

꽃분의 말에 김 진사의 표정이 밝아졌다.

'후훗, 작전이 잘 먹혀들어 가는군.'

길동이 속으로 쾌재를 불렀다. 그리고 삼 형제에게 잔 여덟 개를 가지고 오도록 시켰다.

그러더니 술을 서로 다른 높이로 잔에 붓고 젓가락으로 두드리기 시작했다. 그러자 술이 많이 담긴 잔에서는 낮은음이, 적게 담긴 잔에서는 높은음이 울려 퍼지면서 여덟 개의 잔은 도, 레, 미, 파, 솔, 라, 시, 도

의 아름다운 소리를 내기 시
작했다.

길동의 반주에 맞춰 꽃분,
아니 꽃님 아씨의 아름다운 노
래와 환상적인 춤사위가 펼쳐
졌다. 노래가 끝나자 김 진사
는 넋이 나간 얼굴로 박수를
치며 길동에게 물었다.

"허허, 술잔에서 어찌 이리도
아름다운 소리가 나온단 말이요?
정말 신기한 일이오."

"소리란 공기를 진동시켜 그 진동이 옆으로 퍼져 나가는 파동입니
다. 술잔에서 서로 다른 소리가 나오는 것은 소리의 진동수가 다르기
때문이지요."

"진동수? 그게 누구요?"

"으흠, 누가 아니고 1초 동안에 진동하는 횟수를 진동수라고 합니다.
그러니까 공기가 얼마나 빠르게 오두방정을 떠는가를 나타내는 값이
지요. 아주 방정맞으면 진동수가 큰 것이고 점잖으면 진동수가 작은
것이지요. '도' 음은 1초 동안 공기를 264번 진동시켜야 하고, '레' 음은
1초에 297번 진동시켜야 합니다."

"잔에 담긴 술의 높이가 다 다른데, 술의 높이와 진동수가 관련이 있
는가?"

"눈썰미가 대단하십니다. 맞습니다."

"공기들이 빠르게 진동할수록 높은음이 만들어지지요. 그러니까 술
잔 속에 술의 양이 많을수록 공기가 천천히 진동해서 낮은음이 만들어
지겠지요."

"그건 왜 그런 거요?"

"그건 가득 찬 술이 공기의 진동을 방해하기 때문이지요. 이 방해 때
문에 공기가 천천히 진동해 낮은 소리가 나오는 것입니다."

길동의 친절한 설명에 김 진사는 고개를 끄덕이며 꽃분이, 아니 꽃님
아씨에게 새로운 노래를 부탁했다. 꽃분의 노래와 춤에 푹 빠진 김 진
사는 안경을 연신 만지작거리며 정신을 잃을 정도로 술을 마셨다. 결
국 김 진사는 술에 취해 그 자리에 쓰러져 잠이 들었다.

"작전대로 되었군!"

길동은 바지춤에서 붉은 펜을 꺼내 김 진사에게로 살금살금 다가가
안경을 온통 붉게 칠했다. 그러고는 악기를 정신없이 세게 두드리며
소리쳤다.

"불이야!"

요란한 소리에 술이 덜 깬 표정으로 천천히 눈을 뜬 김 진사의 눈앞
에 불바다가 되어 버린 집이 펼쳐졌다.

"어이쿠! 내 집 다 날아간다. 이보시오, 제발 불 좀 꺼 주시오!"

김 진사는 이리 구르고 저리 구르면서 호들갑을 떨었다.

"우리가 불을 꺼 드리겠소. 대신 당신이 삼백 냥에 하녀로 부리고 있는 선희라는 아가씨를 집으로 보내시오. 물론 삼백 냥도 돌려받을 생각일랑 말고. 우리가 불 끄는 데는 기막힌 재주가 있는 자들이니 우리의 제안을 받아들이면 삼백 냥 이상의 이득을 볼 것이요."

길동이 김 진사에게 진지한 표정으로 제안했다.

"내 그렇게 하리다. 제발 우리 집 불 좀 꺼 주시오! 나는 몸이 말을 듣지 않아서……."

김 진사가 비틀거리면서 길동의 바지춤을 잡고 사정했다.

"불을 꺼라!"

길동이 기다렸다는 듯이 삼 형제를 향해 소리쳤다. 그러자 삼 형제는 물통에 물을 가득 받아 집 안 곳곳에 뿌렸다. 그러고는 김 진사의 얼굴에도 냅다 물을 한 바가지 부었다. 김 진사의 안경이 물에 쓸려 내려가 바닥에 떨어졌다.

쨍그랑 소리를 내며 김 진사의 안경이 박살났다. 그러자 김 진사가 엉거주춤 자리에서 일어나며 소리쳤다.

"불이 꺼졌어! 고맙습니다. 약속대로 선희라는 아이를 집으로 돌려보내겠습니다."

김 진사는 눈물을 흘리며 길동에게 넙죽 절을 했다. 이렇게 하여 길동 일행은 선희를 아버지의 품으로 돌려보냈다.

"도련님, 그런데 김 진사가 속은 건 어떤 과학 원리죠?"

지혜로운 꽃분이 길동의 이번 작전을 궁금해하며 물었다.

"빛의 성질을 이용한 것이요. 빛은 빨강, 주황, 노랑, 초록, 파랑, 남색, 보라의 일곱 색깔로 이루어져 있지요. 우리가 파란 하늘을 파랗게 볼 수 있는 이유는 태양으로부터 온 일곱 색깔의 빛 중 파란 빛만이 하늘을 이루는 공기나 먼지 알갱이에 반사되어 우리 눈에 들어오기 때문입니다. 그런데 안경에 빨간 칠을 하면 안경이 붉은 셀로판지처럼 작용하여 붉은빛만 눈으로 들어오게 하고 다른 색깔의 빛은 못 들어오게 하지요. 그러니까 김 진사의 눈에는 사물에서 반사된 빛 중 붉은빛만이 들어와 집 안에 온통 불이 난 것처럼 빨갛게 보인 것이지요."

길동이 차분하게 설명하자 꽃분은 길동을 존경 어린 눈빛으로 바라보았다. 길동 일행은 김 진사가 고마움의 표시로 건넨 노잣돈을 들고 평안도 땅을 떠났다.

요즘 조정은 길동이 이끄는 활빈당에 관한 소문으로 시끌시끌했다.

함경도를 비롯해 평안도, 황해도 등 전국에서 길동과 그를 따르는 무리들이 탐관오리들을 공격한다는 소문이 한양까지 퍼진 것이었다. 백성들은 길동을 의적이라고 불렀지만 조정에서는 나라의 일을 방해하는 길동이 눈엣가시 같은 존재였다.

"활빈당? 그놈들이 전국을 돌아다니며 관아를 턴단 말이냐?"

"그렇습니다, 전하. 어서 빨리 조치를 취하심이 옳은 줄 압니다. 이대로 두면 훗날 필시 전하의 적이 되어 돌아올 것입니다."

"좋다. 수도방위대장을 보내 활빈당을 진압하도록 하라."

"성은이 망극하옵니다아~"

마을 곳곳에 활빈당을 잡아들이기 위한 수배지가 붙었다.

"형님, 이것 좀 보십시오."

마산이 헐레벌떡 뛰어와 길동에게 종이 한 장을 건넸다. 종이에는 활빈당을 잡는 자에게 포상을 하겠다는 내용이 적혀 있었다.

그때 옆에 있던 양산이 수배지에 나온 자신의 얼굴을 보고는 한마디 했다.

"이게 무엇입니까? 어라, 이건 나잖아. 근데 너무 못생기게 나왔잖아! 내가 얼짱이란 소리를 얼마나 많이 들었는데. 그리고 내 목에 걸린 돈이 고작 백만 냥? 길동 형님은 오백만 냥, 마산 형님과 우산 형님은 이백만 냥인데 왜 나만 백만 냥이야. 이놈들이 나의 진가를 너무 모르는군. 쳇."

"양산아, 지금 액수가 중요한 것이 아니다. 우리를 잡기 위해 나라에서 움직이기 시작했다. 빨리 조치를 취해야 한다."

길동이 양산을 나무랐다.

지명 수배

이름: 홍길동 / 활빈당 두목
현상금: 오백만 냥

지명 수배

이름: 마산 / 산적 삼 형제
中 첫째
현상금: 이백만 냥

지명 수배

이름: 우산 / 산적 삼 형제
현상금: 이백만 냥 中 둘째

지명 수배

이름: 양산 / 산적 삼 형제 中
막내
현상금: 일백만 냥

"하지만 지금 섣불리 움직일 수는 없습니다. 수배지가 붙었다는 건, 벌써 전국 각지로 관군들이 배치되었다는 것인데. 아니, 우리가 동해에 있는 것을 알고 벌써 이쪽으로 향하고 있는지도 모릅니다."

마산이 침착하게 말했다.

길동은 심각한 표정으로 수배지를 바라보며 고민에 빠졌다. 이제 동해를 떠나 한양으로 가야 했지만, 수배지가 붙은 상황에서 무사히 갈 수 있을지 걱정이었다.

길동은 일단 강원도에서 한양으로 곧바로 가는 길을 포기하고 충청도로 우회해서 가는 길을 택했다.

"내일 우리는 충청도로 향한다. 충청도를 우회해서 한양으로 갈 것이야."

"알겠습니다. 길동 형님."

길동 일행은 관군의 검문을 피하기 위해 낮 동안 주막에 머무르다 밤이 되어 소백산맥을 넘었다.

"형님, 꼭 이런 밤중에 움직여야 합니까? 졸려 죽겠습니다. 하~"

"밤에 움직여야 관군들을 피해 가지 않겠느냐."

길동 일행은 소백산맥의 험준한 길을 따라 걸었다.

그들이 걸어왔던 길에서 희미하게 작은 소리가 들려왔다.

"모두 조용히 해라. 벌써 관군들이 우리의 움직임을 눈치채고 여기까지 왔나 보구나."

"그럼 어떻게 합니까? 우린 겨우 다섯이고 저쪽은 수십 명도 넘을 텐데요."

"걱정 말아라. 나에게 다 수가 있다."

길동 일행은 숨죽인 채 풀숲에 숨어 관군의 움직임을 응시했다. 관군들은 길동 일행이 걸어왔던 길을 따라 점점 거리를 좁혀 왔다. 어림잡아도 그 수가 서른 명은 되어 보였다.

바로 그때 길동 일행이 관군들을 향해 공을 던지기 시작했다. 관군들은 날아오는 공에 깜짝 놀라 서로 몸을 피하느라 우왕좌왕했다. 하지만 시간이 조금 지나자…….

"형님, 관군들이 공을 머리로 받으면서 즐기는데요? 그러게 물렁공이 뭡니까, 에이~"

"그게 다 작전이니라. 물렁물렁한 공은 탄성이 강하지. 탄성이란 물체가 힘을 받아 모양이 변했다가 다시 원래의 모양으로 돌아오는 성질이다. 이렇게 탄성이 있는 물체와 충돌하면 충돌에 걸리는 시간이 길기 때문에 작은 충격력을 받게 되지."

"그런데 왜 물렁물렁한 공을 던지라는 겁니까?"

"그게 다 유인 작전이다. 자, 이번에는 다른 광주리에 있는 공들을 힘껏 던져라!"

길동 일행은 다른 광주리 속에 있는 공들을 모조리 관군들을 향해 있는 힘껏 던졌다.

관군들은 이번에도 물렁물렁한 공이라 생각하고 머리로 힘 있게 받아쳤다.

"으악! 내 머리!"

관군들의 비명소리가 이어졌다.

"어라, 형님, 어떻게 된 거죠? 이번에는 관군들이 머리를 부여잡고 신음을 하는데요?"

양산이 놀란 눈을 크게 뜨고 물었다.

"이번에 던진 공은 단단한 껍질로 쌓여 있어 탄성이 없다. 그러니까 충돌에 걸리는 시간이 짧아 관군들이 머리에 큰 충격력을 받은 것이

지. 이게 바로 탄성 작전이니라."

길동은 자신만만한 표정으로 으스댔다.

"정말 대단하십니다. 형님~"

양산은 길동을 존경 어린 눈빛으로 바라보며 말했다. 이렇게 길동의 재치 덕분에 관군과의 첫 번째 전투에서 활빈당이 승리하였다.

전투로 지칠 대로 지친 길동 일행은 동굴을 발견하고는 그 안으로 들어가 그동안 쌓였던 피로를 풀기 위해 잠을 청했다.

"쉿! 이 안에서 코 고는 소리가 들린다. 크크크, 이놈들. 이 동굴 안에서 잠을 자고 있구나."

마침 잠복해 있던 관군들이 동굴 앞에서 울려 퍼지는 코 고는 소리에 활빈당의 존재를 눈치챘다. 동굴 속에서 반사된 코 고는 소리가 원래의 소리와 합쳐져 엄청난 울림을 냈던 것이다.

"드디어 활빈당을 잡을 때가 왔다. 이 동굴은 반대편 길이 막혀 있으니 너희들은 독 안에 든 쥐다. 하하하!"

관군들은 무기를 들고 조용히 동굴 속으로 들어가기 시작했다. 동굴로 들어가니 코 고는 소리는 더욱 크게 울렸다. 관군들이 동굴 속으로 물밀듯이 밀려 들어왔다. 이윽고 관군들의 눈에 곤히 잠든 길동 일행의 모습이 들어왔다.

"잡아라!"

관군들은 일제히 소리를 지르며 길동 일행에게 달려들었다.

"으악!"

"야, 밀지 마!"

관군들이 쏟아져 들어오자, 갑자기 도미노처럼 넘어지기 시작했다. 길동이 잠자기 전에 동굴 입구에 투명 플라스틱판을 설치하고 초강력 접착제를 발라 놓았던 것이다. 그래서 앞서 들어온 관군들이 접착제에 달라붙고, 뒤에서 계속 밀려 들어오며 차곡차곡 넘어져 쌓이게 된 것이다.

"하하하! 이번 작전은 투명 작전이다. 빛은 유리나 투명 플라스틱처럼 투명한 물체를 그대로 통과하지. 그러니까 우리에게 반사된 빛이 투명판을 통해 너희들의 눈으로 그대로 들어가 마치 투명판이 없는 것처럼 보이는 것이야. 우하하하! 어떠냐? 우리가 그렇게 호락호락하게 당할 줄 알았느냐. 접착제에 붙은 꼴이 참 볼 만하구나."

길동 일행은 관군들을 모두 포박하여 동굴 안에 남겨 두고 길을 나섰다.

관군의 소백산맥 소탕 작전이 대대적으로 시작되자 길동 일행이 움직이기 힘들 정도로 많은 수의 관군들이 소백산맥에 투입되었다.

"형님, 관군이 너무 많습니다. 무슨 수를 써야 할 것 같은데요."

시커멓게 몰려오는 관군들을 본 길동의 뇌리를 스치는 기막힌 아이디어가 있었으니.

"아하! 그렇게 하면 되겠구나. 마산아, 너의 옷 좀 빌리자. 그리고 우

산, 너의 쇠막대기 좀 다오. 양산아, 너는 서둘러 고무공에 바람을 불어 넣도록 하여라.”

“형님, 이렇게 시급한 상황에 공놀이나 하려고 합니까?”

“맞습니다. 지금 고무공에 바람 넣고 쇠막대기로 치는 야구를 하려고 하시는 거죠?”

“그런 것이 아니니 어서 내 말대로 해라.”

마산은 서둘러 옷을 벗었고, 우산은 길동에게 자신이 들고 있던 쇠막대기를 주었다.

“후~ 후~ 형님, 이 정도면 되겠습니까?”

양산이 고무공에 바람을 넣느라 벌게진 얼굴로 자기 얼굴만 한 크기의 고무공을 들고 왔다.

“그 정도면 되었다.”

길동은 서둘러 마산이 벗어 준 털옷으로 고무공을 문지르기 시작했다.

“형님, 벌써 관군들이 코앞까지 왔습니다.”

“아직, 잠시만 기다려라.”

“활빈당 이놈들! 어서 무기를 버리고 투항하라! 그러면 너그럽게 용서해 줄 것이다. 그렇지 않으면 매운맛을 보게 될 것이야!”

“하하하! 겨우 백여 명의 관군이라니. 또 당하고 싶어 왔느냐?”

“뭣이라? 전군, 화살을 쏘아라!”

관군들은 길동 일행 쪽으로 일제히 화살을 쏘기 시작했고, 화살 하나가 길동에게 정면으로 날아들었다.

챙!

꽃분의 예리한 칼날에 길동을 향하던 화살은 두 동강이 나 버렸다.

"중지! 모두 진격하라!"

관군들은 기합 소리와 함께 일제히 길동 일행을 향해 달려왔다. 길동은 그때까지도 열심히 털옷에 고무공을 문지르고 있었다.

"형님, 언제까지 고무공만 문지르고 계실 겁니까?"

"아~ 답답해 죽겠네. 벌써 관군이 발치까지 왔습니다, 형님."

"다 되었다."

길동은 그제야 공을 문지르던 걸 멈추고 오른손에 고무공, 왼손에 뾰족한 쇠막대기를 쥐고 말했다.

"너희 백 명이 와도 나 하나를 당할 수 없을 것이다! 나는 번개를 쓸 수 있다!"

"하하하! 동에 번쩍 서에 번쩍 신출귀몰한다더니, 허풍도 대단하구나. 모두 들어라. 적은 모두 다섯 명에 불과하다. 일제히 공격하라!"

관군들은 우렁찬 소리와 함께 길동 일행을 향해 달려들었다. 바로 그때, 길동은 털옷으로 문질러 둔 고무공을 뾰족한 쇠막대기에 가져다 대었다.

그 순간 불꽃이 튀면서 번개가 일었다.

"으악~! 으악~! 으악~!"

길동을 향해 달려오던 관군들이 하나같이 놀라 뒤로 나자빠졌다.

"마…… 말도 안 돼. 정말 번개가 나오다니……."

"하하하! 내가 거짓말을 하는 줄 알았느냐. 어디 더 다가와 보거라. 내가 울트라파워 초강력 번개를 만들어 너희들을 공격해 줄 테닷!"

"우…… 우연일 것이다. 다시 한번 진격해라!"

대장의 명령에도 모든 관군들은 서로 눈치만 살피고 있었다. 길동은 이때다 싶어 털옷으로 고무공을 문지른 뒤 다시 뾰족한 쇠막대기에 가져다 대었다.

지지직~

다시 번개가 만들어졌고, 관군들은 더욱 놀라 무기를 버리고 왔던 길로 부리나케 도망가기 시작했다. 관군의 대장도 두 번의 번개를 보고 나자 더 이상 서 있기조차 힘들어 보였다.

"가…… 같이 가자! 으악!"

모든 관군들이 걸음아 나 살려라 꽁지가 빠지게 도망쳤다.

"혀…… 형님은 신인가요? 어떻게 마른하늘에 번개를 만듭니까?"

"하하하! 그건 정전기의 힘이다. 서로 다른 물체를 문지르면 한쪽에서 다른 쪽으로 전자가 이동해. 전자는 음의 전기를 띠고 있어서, 전자를 잃은 물체는 양의 전기를 띠고, 전자를 얻은 물체는 음의 전기를 띠게 되지. 털옷으로 고무공을 문지르면 전자가 털옷에서 고무공으로 이

동해 털옷은 양의 전기를 띠고 고무공은 음의 전기를 띠게 돼. 이렇게 전자가 많이 쌓인 고무공 옆에 쇠막대를 가져가면, 전자들이 쇠막대로 이동하며 불꽃을 일으키고 번개가 생기는 것이니라. 우리가 아는 번개도 구름의 아래쪽이 음의 전기를 띠고 땅이 양의 전기를 띠면서 전자가 땅으로 쏟아져 내리는 과정이란다."

"아하~ 뭔지는 잘 모르겠지만, 정전기 그거 참 대단하군요."

길동의 기지와 정전기의 힘으로 다시 한번 활빈당은 멋지게 관군을 무찔렀다.

더 알아보기

양산

빛이 굴절해서 물고기 위치가 달라진다는 게 뭡니까?

길동

빛이 굴절하는 이유는 빛이 공기에서 물로 들어가면서 시간이 제일 적게 걸리는 경로를 택하기 때문이야. 빛은 공기에서는 빠르게 움직이지만 물 속에서는 느리게 움직이거든. 그러니까 공기에서 빛으로 갈 때 가능한 한 공기에서 오래 이동하고 물에서 적게 이동하면 걸리는 시간이 짧아지게 돼. 그래서 빛의 진행 방향이 꺾이게 되지. 이게 바로 빛이 굴절 현상이야. 이 굴절 때문에 물속에 있는 물고기가 원래 위치랑 다르게 보이는 거지. 예를 들어, 물고기가 원래 위치보다 위에 있는 것처럼 보이는데 이게 바로 허상이라는 거야. 마치 물고기가 "여기야!" 하고 속이는 것처럼 보이는 거지. 그런데 그건 빛이 꺾이면서 우리 눈이 착각하는 거야.

꽃분

번개는 어떻게 생기는 건가요?

길동

번개는 구름 속에 있는 얼음 조각들이 서로 마찰하면서 정전기가 만들어지기 때문에 생깁니다. 이때 전자가 위쪽에서 아래쪽으로 이동해 구름의 위쪽은 양의 전기를 띠고 아래쪽은 음의 전기를 띠게 되지요. 구름의 아래쪽이 음의 전기를 띠니까 땅은 양의 전기를 띠지요. 그러면 구름의 아래쪽과 땅 사이에 전압이 생깁니다. 이 전압 때문에 구름 아래쪽의 전자가 땅으로 내려오면서 공기와 부딪쳐 번쩍! 하고 번개가 치는 것이지요.

길동과 유천, 서로를 겨누다

"활빈당은 분명 저기 좁은 협수로를 통해 움직일 것이다. 오늘 밤이 최대의 고비가 될 듯싶구나."

수도방위대장은 비장한 얼굴로 이번엔 꼭 활빈당을 잡을 것이라 다짐했다. 그러나 수도방위대장에게는 한 가지 의문점이 있었다. 활빈당에게는 엄청나게 위험한 순간이 많았는데 왜 그들은 단 한 명의 관군도 다치게 하거나 죽이지 않았는가 하는 점이었다. 과연 그들이 나라에서 정한 범죄자가 맞는지조차 헷갈렸다.

'지금 내가 무슨 생각을 하고 있는 것인가. 저들은 명백한 범죄자들이다. 그들을 꼭 잡아야 한다!'

"대장님! 드디어 활빈당이 모습을 드러냈다고 합니다."

"전 관군, 전투 위치로!"

수백 명의 관군은 각자의 위치로 가서 활빈당을 맞을 준비를 했다.

"활빈당, 드디어 나타났구나. 숨어 있지 말고 모습을 드러내라!"

수도방위대장의 우렁찬 고함 소리가 넓은 벌판 위로 울려 퍼졌다.

"하하하! 그런 걱정은 하지 마십시오. 때가 되면 저희 모습을 보실 것입니다. 우리 다섯을 잡기 위해 너무 많은 관군을 데리고 오셨군요."

"그동안 너희들의 활약은 잘 봤다. 이백 명이 넘는 관군을 뛰어난 기지로 잘 물리치더구나. 그 정도의 실력으로 왜 이런 조직은 만들어 나라에 반역을 하는지 알 수가 없구나."

"하하하. 반역이라고요? 단지 헐벗고 굶주린 백성을 등쳐 먹는 자를 응징하고, 백성에게서 뺏은 물건을 돌려줬을 뿐입니다."

"하지만 그로 인해 관군들의 피해도 많았다. 그리고 너희는 나라에 바치는 물건까지 손을 대지 않았느냐."

"그것은 강원 부사가 가뭄이 들어 백성 모두가 굶어 죽는데도 나라에 바쳐야 한다는 명목으로 갈취하다시피 가져간 물건이라 제가 가로채서 다시 돌려준 것입니다. 자고로 나라의 주인은 백성이며 한 나라의 임금은 백성을 두려워해야 하는 것이 아닙니까? 백성이 저토록 굶주리고 있는데 자신의 배를 채우려는 임금이라면 저는 임금으로 인정할 수 없습니다."

"어쩔 수 없구나. 전군 공격!"

수도방위대장의 말이 떨어지기 무섭게 화살이 빗발치듯 날아갔다.

"마산, 우산, 양산. 자, 시작하자!"

길동은 커다란 돌을 나무판자 한쪽에 놓고 마산과 우산, 양산을 일제

히 나무판자 반대쪽으로 뛰어내리게 했다. 그러자 커다란 돌이 포물선을 그리며 관군들을 향해 날아갔다.

"도, 돌이 날아온다!"

커다란 돌은 한 방에 관군 서너 명을 넘어뜨렸다. 반면 관군들의 화살 공격은 협수로에 둘러싸인 나무 때문에 큰 효과를 보지 못했다.

"마산, 우산, 양산. 조금만 더 힘을 내자!"

"걱정 마십시오. 힘 빼면 시체 아닙니까. 그렇긴 해도 우리 힘으로 저 커다란 돌이 날아가는 게 정말 신통하네요. 헤헤~"

양산이 나무판자 위로 뛰어내리며 스스로가 대견한 듯 말했다.

"너만의 힘으로 된 것은 아니지. 그건 지렛대의 원리를 이용한 것이다. 나무판자를 큰 나무 위에 한쪽은 길게 다른 한쪽은 짧게 하여 올려 놓고 짧은 쪽에 돌을 올린 후 긴 쪽을 누르면 짧은 쪽에는 누른 힘보다 훨씬 큰 힘이 작용하게 된다. 그래서 큰 돌이 빠르게 적진으로 날아갈 수 있었던 것이지."

길동이 미소를 지으며 지렛대의 원리에 대해 설명했다. 마산과 우산, 양산이 한 번 뛸 때마다 커다란 돌이 세 개씩 관군을 향해 날아갔다. 수도방위대장은 활빈당을 공격하려면 그들을 넓은 벌판으로 나오게 해야 한다고 생각했다.

"모두 퇴각하라! 뒤로 물러서라!"

수도방위대장의 지휘에 관군은 일사불란하게 움직였다.

"길동 형님, 관군들이 후퇴하는데 쫓아갈까요?"

"그들은 지금 우리를 유인하는 것이다. 아마 돌이 닿지 않는 곳까지 물러선 뒤 우리가 나올 때까지 기다리겠지."

길동은 꽃분의 안위가 걱정되었다. 저들의 눈을 피해 일을 잘 처리하고 있을지 의문이었다.

"우리가 나가지 않으면 저들이 꽃분 낭자의 움직임을 보게 될지도 모른다. 우리가 저들의 바람대로 벌판으로 나가야 할 것 같구나."

"형님, 과연 저들과 맞서서 이길 수 있을까요?"

"일단 시간만 벌면 된다. 서로 절대 다치지 않아야 한다. 자, 가자!"

길동 일행은 관군의 바람대로 넓은 벌판으로 나갔다. 수도방위대장은 활빈당이 멀리서 걸어오며 모습을 드러내자 순간 긴장했다. 저들이 또 무슨 수를 써서 이 자리를 빠져나갈지 알 수 없었기 때문이었다.

"활빈당, 지금이라도 항복하면 너희 목숨은 지킬 수 있을 것이다."

"이보시오, 수도방위대장! 우리가 항복하기 위해 이곳으로 나왔다고 생각하시오?"

길동이 말을 마치자 수도방위대장은 자신의 눈을 의심할 수밖에 없었다. 분명 자신의 눈앞에 서 있는 활빈당의 대장이 동생 길동이었기 때문이다. 그러나 길동은 수도방위대장인 유천을 알아보지 못했다. 유천의 머릿속은 온통 길동을 이 자리에서 어떻게 구해야 할지 고민으로 가득 찼다.

"대장님, 어서 빨리 명을 내려주십시오. 저들이 벌판에 나왔을 때 잡아야 합니다. 저들은 신출귀몰하여 언제 또 사라질지 모릅니다."

부하들이 재촉하였지만 유천은 그 어떤 명도 내릴 수가 없었다. 눈앞에서 길동이 죽는 모습을 볼 수 없었기 때문이다.

'길동아, 너와 난 왜 하필 이런 곳에서 재회를 하게 되는 것이냐. 너의 곧은 성품 때문에 백성들의 어려움을 그냥 두고 보지 못하고 활빈당을 조직하여 백성을 위해 이와 같은 일들을 한 것이구나. 그렇다면 지금까지 보고된 활빈당의 악행들은 다 거짓이겠구나. 길동아, 난 차마 널 죽일 수 없다.'

유천은 이러지도 저러지도 못하는 자신의 모습에 비통함을 느꼈다.

'길동이 너라면 분명 확실한 탈출구를 만들어 놓고 저리도 당당하게 관군 앞에 선 것이겠지. 너는 스스로 확신이 서지 않으면 절대로 위험 속에 동료를 밀어 넣을 자가 아니다. 길동아, 제발 다치지 말고 이곳을 빠져나가도록 해라.'

유천은 마침내 결단을 내렸다.

"좋다. 저들을 공격하라!"

관군들은 기다렸다는 듯이 일제히 함성을 지르며 활빈당을 향해 활을 쏘았다. 시간이 흐를수록 길동 일행은 수많을 관군을 대항하는 데 힘이 부쳤다.

"길동 형님, 관군의 숫자가 너무 많습니다."

마산이 겁에 질린 목소리로 길동에게 말했다.

"일단 여기를 빠져나가야겠다. 모두 뒤도 돌아보지 말고 저기 보이는 커다란 나무 쪽으로 달려라."

삼 형제는 길동의 말을 듣자마자 멀리 보이는 큰 나무 쪽으로 달리기 시작했다. 길동도 마지막으로 관군 세 명을 공격해 쓰러뜨린 뒤 삼 형제의 뒤를 쫓았다. 관군들은 사력을 다해 길동 일행을 쫓았다. 길동 일행과 관군들은 술래잡기하듯 먼지를 일으키며 달리고 또 달렸다. 마침내 길동 일행은 큰 나무에 도착했다.

"길동 형님, 이것 좀 보십시오. 절벽입니다."

길동 일행 앞에 펼쳐진 것은 천길 낭떠러지인 탄금대였다.

"뒤는 절벽이고, 앞은 관군, 완전 사면초가입니다."

"길동 형님, 왜 하필 이쪽 길을 택하셨습니까? 분명 도망갈 방법이 있기 때문에 그러신 것 아닙니까? 설마 저 절벽으로 뛰어내리라는 건 아니죠?"

양산의 물음에 길동은 미소를 지으며 말했다.

"하하하, 양산이 너도 이제 제법 내 맘을 아는구나."

"예?"

삼 형제는 일제히 놀라 대답했다.

"어서 여기에 있는 줄을 허리에 묶어라."

"길동 형님, 저희가 아무리 형님을 믿고 따른다지만 이건 아니라고 생각합니다."

"아무 걱정 말고 내가 시키는 대로 해라."

길동이 먼저 허리에 줄을 묶자 삼 형제도 마지못해 허리에 줄을 감기 시작했다.

"드디어 잡았다. 하하하! 너희들은 독 안에 든 쥐다. 뒤는 절벽이니 더 이상 도망갈 곳이 없구나."

어느새 뒤쫓아 온 관군들이 길동 일행을 둘러쌌다. 길동이 그들 앞에 나서며 말했다.

"하하하! 우리가 호락호락하게 잡힐 것이라 생각하느냐?"

"곧 죽을 놈이 입만 살아 있구나. 전원 총공격!"

앞으로 나선 관군의 말이 떨어지기 무섭게 관군들은 다시 길동 일행에게 달려들었다.

"이때다! 저기 옆에 있는 바위 세 개를 절벽으로 던져!"

"예? 바위를 관군에게 던져야지 왜 절벽으로 던집니까?"

"어서, 시간이 없다!"

삼 형제는 각자 바위를 들어 절벽을 향해 던졌다. 그러자 갑자기 길동 일행의 몸이 하늘로 치솟기 시작했다. 그들을 쫓던 관군들은 어리둥절해하며 위로 치솟는 길동 일행을 멍하니 바라보기만 했다.

"길동 형님, 우리 몸이 하늘을 납니다!"

"형님, 전 슈퍼맨입니다. 우하하!"

양산이 슈퍼맨 포즈를 취하며 신이 나서 웃었다.

"지금이다, 어서 줄을 끊어라!"

길동의 고함소리에 산적들은 서둘러 허리에 묶여 있던 줄을 끊었다. 그러고는 큰 나무에 있는 커다란 가지에 안전하게 착지하였다. 그들이 끊은 줄과 바위는 절벽 아래로 떨어졌다.

"길동 형님, 이제 알겠습니다. 이것은 저번에 꽃분 아씨가 썼던 도르래의 원리 아닙니까?"

"그래 맞다. 제법이구나. 나무에 도르래를 설치해 줄로 연결하여 한쪽에는 우리 몸을 묶고 다른 한쪽에는 바위를 묶어 바위를 절벽으로 던지면 바위의 무게 때문에 줄에 묶인 우리는 자연스럽게 위로 올라가게 되지. 이것이 도르래의 원리다."

삼 형제는 위기 상황을 다 파악하고 미리 이런 도르래를 준비한 길동이 대단해 보였다.

관군들은 무기를 버리고 화살을 장전했다. 그들의 손을 떠난 화살들이 어지럽게 길동 일행 쪽으로 날아갔다. 길동은 빠른 칼 놀림으로 화살을 떨어뜨렸다.

"어디 언제까지 칼 놀림으로 화살을 떨어뜨리는지 시험해 보자! 다시 공격!"

관군들의 화살이 다시 길동 일행을 덮쳤다.

"마산, 우산, 양산! 이 쇠를 잡고 내려가자!"

길동이 옷걸이처럼 생긴 쇠를 줄에 걸고 나뭇가지에서 뛰어내리자 탄금대를 지나 절벽 아래로 미끄러져 내려갔다. 줄이 절벽 아래의 땅과 연결되어 있었던 것이다.

"아하, 길동 형님의 의도를 알겠다. 자, 우리도 따라가자!"

삼 형제도 일제히 고리를 줄에 걸고 절벽 아래로 내려갔다. 어느새 길동 일행은 탄금대 절벽 아래로 감쪽같이 사라졌다. 그 모습을 멀리서 보고 있던 유천은 가슴을 쓸어내렸다.

'역시 길동이구나. 위험한 상황에서도 저렇게 모든 피할 방법을 만들어 놨구나. 정말 대단하다. 어서 멀리 도망가거라.'

길동 일행을 쫓던 관군들은 길동 일행이 사라진 절벽 아래를 멍하니 바라보고 있었다. 절벽 아래로 도망가 버렸으니 더 이상 쫓을 방도가 없었다. 유천은 길동이 사라진 곳을 바라보며 생각에 잠겼다.

'다음에는 좋은 곳에서 만나자. 조심해서 가거라.'

관군의 패배 소식에 조정은 적막감이 감돌고 있었다. 유천은 다시 관군을 이끌고 활빈당의 움직임을 찾기 위해 수색을 시작했다. 활빈당이 한양으로 가는 길에 벌인 많은 활약 덕분에 그들의 위치를 찾는 건 어렵지 않았다.

유천의 머릿속은 복잡했다. 활빈당이 이미 수원을 지나 한양에 거의 도착했을 거라 짐작했다. 이제 길동과의 2차전이 시작되는 순간이 다가오는 것이다. 1차전에서는 길동의 지략이 완벽하게 유천을 이겼다. 하지만 유천은 오히려 자신이 그때 진 것이 잘된 일이라 여겼다. 이번에 길동과 마주치면 어떻게 해야 할지 도무지 자신이 없었다. 어떻게든 그 상황만은 피하고 싶었다.

"길동 형님! 드디어 한양이 보입니다!"

양산이 신나서 외쳤다. 활빈당이 막 한양의 성문을 통과하려던 참이었다.

그때 앞서가 살펴보던 우산이 요란하게 달려오며 소리쳤다.

"길동 형님! 관군들이 수색을 시작했습니다!"

"이렇게 사람이 많은 곳에선 조용히 몸을 숨기는 것이 좋다. 옳거니, 저쪽에 주막이 보이는구나. 일단 저쪽으로 가서 궁리해 보자."

길동의 말이 떨어지기 무섭게 활빈당은 관군을 피해 주막으로 몸을 움직이기 시작했다.

"어이! 거기 잠깐만 서 봐."

"예? 저희들 말씀이십니까?"

"그래, 잠깐만 서 봐."

지나가던 관군 하나가 의심의 눈초리로 길동 일행을 불러 세웠다.

삼 형제의 덩치가 워낙 커서 어딜 가나 눈에 띄는 건 어쩔 수가 없었다.

"덩치를 보아하니 예사 사람들이 아닌 듯한데, 활빈당이 아닌지 확인 좀 해야겠소. 호패를 꺼내 보시오."

삼 형제는 순간 당황해 길동을 쳐다보았다.

"무슨 오해가 있는 것 같은데 활빈당이 무엇입니까?"

"활빈당도 모르다니. 요즘 전국을 떠들썩하게 한 도둑 집단 아니오. 그놈들 때문에 조정에서 골치 꽤나 썩고 있지."

"활빈당은 그런 이들이 아니오. 불쌍한 백성들을 돕기…… 아차."

양산은 서둘러 자신의 입을 막았지만 이미 엎질러진 물이었다.

"뭐라? 어쩐지 수상쩍다 했다. 이놈들을 잡아라!"

관군이 소리를 치자 멀리서 수많은 관군들이 몰려왔다. 길동은 관군의 다리를 걸어 넘어뜨린 뒤 서둘러 도망쳤다.

"길동 형님, 죄송합니다."

"지금은 잘잘못을 따질 때가 아니다. 일단 몸을 피하도록 하자."

길동 일행은 잠시 막다른 골목에 몸을 숨기고 관군들의 움직임을 파악하고 있었다.

"길동 형님, 담이 너무 높아서 관군들의 움직임을 알 수가 없어요."

키가 큰 삼 형제가 손을 뻗어도 닿지 않을 정도로 높은 담이었다.

"홋홋, 잠시만 기다려 보거라."

길동은 여유 있게 자신의 봇짐을 풀어 무언가를 만들기 시작했다. 십여 분이 흐른 뒤 길동은 자신이 만든 것을 마산에게 주었다.

"길동 형님, 이게 무엇에 쓰는 물건입니까?"

"하하하, 양쪽에 구멍이 뚫려 있지? 한쪽 구멍에 눈을 대고 다른 한쪽 구멍을 담장 위쪽으로 올리면 알게 될 것이다."

마산은 길동이 시키는 대로 자신의 눈을 한쪽 구멍에 대고 다른 쪽 구멍을 담장 위로 향하게 했다.

"우아! 다 보인다!"

"예? 담장 너머가 보인다고요?"

의심 많은 양산도 그 물건을 눈에 대어 보았다.

"정말이다. 정말 다 보여! 이야~ 신기하네."

"이게 바로 잠망경이라는 것이다. 거울 두 개를 이용하여 위로 들어온 빛이 아래로 반사되어 우리 눈에 들어오게 하는 것이지. 이것은 아래쪽에 숨어서 위쪽 사물을 볼 때 요긴하게 쓰이는 도구니라."

삼 형제는 길동이 만든 잠망경이 신기해 이리저리 만지작거렸다.

그날 밤, 길동은 숙연한 마음으로 수도방위대장에게 보내는 서신을 쓰고 마산을 통해 관군에게 전달했다.

"대장님! 활빈당으로부터 서신이 도착했습니다."

유천은 서둘러 길동이 보낸 서신을 펼쳐 보았다.

수도방위대장은 보시오.

어느덧 추운 겨울이 다가왔습니다. 지난번의 전투로 많은 고생을 하셨을 거라 예상됩니다. 본의 아니게 그렇게 된 점 사과드립니다.

저희가 하고자 하는 바가 있고, 수도방위대장은 대장대로 하고자 하는 바가 있으리라 생각됩니다. 다만 하고자 하는 일이 서로 부딪히기에 서로에게 칼을 겨누게 되었으니 이번에 제대로 겨룰 기회를 주십시오.

이 전투에서 지면 깨끗이 물러나겠습니다. 하지만 저희가 이기면 그땐 저희가 원하는 대로 하도록 해 주십시오.

전투는 이틀 후 한강 지류 공터에서 오후 4시에 하도록 합시다.

활빈당 올림

유천은 길동이 보낸 서신을 받아 들고 깊은 고민에 빠졌다.

'길동이 도대체 뭘 원하는 걸까? 만약 길동과 싸우게 된다면, 이겨야 할까, 져야 할까······.'

많은 생각이 유천의 머리를 아프게 했다.

한편 길동의 진영에서는 유천의 관군과 맞설 준비로 여념이 없었다.

"양산아, 귤을 천 개만 구해 오너라."

길동이 소리쳤다.

'형님은 전쟁 중에 웬 귤 파티를 하시려는 거지? 그리고 우리 다섯 명이 귤 먹고 겨울잠 잘 일 있나? 백 개도 아니고 천 개의 귤을 어디에 쓰시려고. 에라, 모르겠다. 일단 시키는 대로 하자. 오랜만에 귤 맛이나 좀 보자.'

양산은 우산, 마산과 함께 귤 천 개를 구해 왔다.

길동 일행은 귤과 귤 사이에 두 개의 금속 막대를 꽂아 천 개의 귤을 직렬로 연결했다.

"형님, 귤 파티는 안 하고 웬 장난감을 만드십니까?"

마산이 고개를 갸우뚱거리며 물었다.

"웬 귤 파티? 이게 바로 적을 골탕 먹일 신무기니라. 가만히 지켜만 보거라."

길동은 회심의 미소를 지었다.

마침내 유천과 길동이 최후의 전투를 벌일 시간이 왔다. 유천은 그동안 군사들에게 활빈당을 무찌르기 위한 특수 훈련을 시키고 있었다.

"대장님, 훈련을 모두 마쳤습니다."

"잘했다. 내일은 큰 전투가 예상되니 병사들은 각오를 단단히 다져야 할 것이다."

"네, 분부대로 하겠습니다!"

유천은 길동과의 대결을 피하지 않는 쪽으로 마음을 먹었다. 물론 길동을 죽이거나 다치게 하고 싶지도 않았다. 일단 길동을 잡아 어떤 이

유로 이렇게 일을 벌이는지 알아낼 작정이었다.

'만약 내 생각이 맞다면 지금 길동의 행동을 멈추게 해야 한다. 아직 조정에서는 길동이 누구인지 알지 못하니 조정에서 눈치채기 전에 막아야 한다.'

생각 같아선 지금 길동에게 가서 자신의 존재를 알리고 싶지만 주위에 보는 눈이 너무 많아 그렇게는 할 수 없는 노릇이었다. 그래서 전투에 응해 길동에게 자신의 존재를 알려 순순히 자신에게 붙잡혀 주도록 유인할 생각이었다.

내일의 전투에서는 분명 길동의 엄청난 물리 지식을 동원한 파상 공격이 펼쳐질 것이었다. 유천의 이마에서 한줄기 땀이 흘렀다.

더 알아보기

마산

지렛대의 원리가 궁금합니다요?

길동

지렛대에는 세 가지 중요한 점이 있어. 받침점, 작용점, 그리고 힘점이야. 받침점은 지렛대가 움직이는 중심, 작용점은 들어 올릴 물체가 있는 곳, 힘점은 우리가 힘을 주는 곳이지.
이 세 가지가 잘 맞아야 지렛대가 작동하는 거야. 예를 들어, 시소는 가운데 받침점이 있고, 양쪽 끝에 사람이 앉는 자리가 힘점과 작용점이 돼. 가위나 펜치도 적은 힘으로 무거운 물체를 움직이게 해 줘. 이렇게 지렛대는 적은 힘으로 큰 일을 할 수 있게 돕는 도구야.

꽃분

직렬연결과 병렬연결이 무엇이고 어떻게 다른가요?

길동

직렬연결은 건전지를 한 줄로 차례대로 연결하는 방법이야. 이렇게 하면 모든 건전지의 전압이 더해져서 더 큰 전압을 만들 수 있어. 직렬로 연결된 건전지들은 전압이 커지지만 수명은 건전지 하나만큼밖에 안 돼.
병렬연결은 건전지를 나란히 연결하는 방식이야. 이 경우, 전압은 건전지 하나의 전압과 같지만 수명은 여러 건전지를 합친 것만큼 오래 가.

유천, 대역죄로 체포되다

"길동 형님, 시킨 일은 다했습니다. 이제 전투 준비 끝이네요."

"잘했다. 오늘 명심해야 할 것은 목숨을 잃을 위험에 처하지 않는 이상 설령 적이라도 해하면 안 된다는 것이다."

"잘 알겠습니다."

"마산, 우산, 양산 그리고 낭자. 반드시 해가 질 때까지 버텨야 합니다. 서로 위험하면 도와주고 절대 다치지 않도록 해야 합니다."

"걱정하지 마십시오!"

드디어 길동 일행의 앞에 관군들이 모습을 나타냈다. 관군들은 서서 칼을 세우기 시작했다. 길동도 자신의 칼을 꺼내 들었으나 물론 칼집은 씌운 채였다. 삼 형제는 저마다 무기를 꺼내 들었고, 꽃분 역시 자세를 취했다.

"저들의 기고만장함을 꺾어 버리자. 쳐라!"

관군들은 지난번 패배를 설욕하기 위해 기를 쓰고 달려들었다. 길동 일행도 소리를 지르며 관군들에 맞섰다.

그때 지휘를 하던 관군 한 명이 소리쳤다.

"지금이다. 공격!"

그 소리가 울리자 모든 관군들이 일제히 고개를 숙이며 땅에 엎드렸고, 그 뒤로 화살 부대가 나타났다. 화살 부대가 쏜 화살이 어지럽게 길동 일행을 향해 날아들었다. 삼 형제는 몽둥이를 휘두르며 화살을 쳐서 떨어뜨렸지만 화살의 수가 너무나도 많았다. 그때 길동이 칼을 쳐서 마산을 덮치려는 화살을 떨어뜨렸다. 공격이 먹히지 않자 화살 부대가 잠시 주춤했다. 그때 길동이 양산에게 소리쳤다.

"지금이다, 전자석을 가동시켜!"

길동의 명령에 양산은 서둘러 자신의 뒤에 있던 전자석을 꺼내서 가동시켰다. 화살 부대는 길동 일행의 행동을 보고 어리둥절하게 생각하며 다시 화살을 쐈다. 수많은 화살이 길동 일행을 향해 다시 날아왔고, 삼 형제는 화살을 피하려고 고개를 숙였다. 꽃분도 눈을 질끈 감았다. 그러나 길동은 날아오는 화살을 피하지 않고 서 있었다.

"길동 형님, 피하세요! 화살을 맞으면 안 됩니다."

마산의 외침이 울리는 순간 길동을 향해 날아가던 화살들이 일제히 궤도를 바꾸며 전자석에 달라붙기 시작했다.

"이게 어떻게 된 일이지?"

관군들 사이에 동요가 일기 시작했다.

"길동 형님, 정말로 무사하신 겁니까?"

"당연하지. 너는 전자석이 뭔지도 모르고 사용한 것이냐?"

"그럼요. 저같이 무식한 놈이 전자석이 뭔지 어떻게 압니까?"

"전자석은 전기를 이용해서 만든 자석이다. 쇠막대에 전선을 촘촘히 감고 전선에 전류를 흘려보내면 전자석이 만들어지지. 전자석은 보통의 자석과 달리 강한 전류를 전선에 흘려보내 주면 그에 비례하여 자석의 세기도 강해진다. 화살의 촉은 쇠로 만들어졌기 때문에 강력한 전자석의 힘으로 화살을 잡아당긴 것이니라."

"뭔지는 모르겠지만 대단한 것 같긴 하네요."

관군들은 화살이 궤도를 바꾸며 길동을 피해 날아가는 걸 보면서 길동이 무슨 마법을 써서 화살의 움직임을 바꿨을 거라고 굳게 믿었다.

"화살이 먹히지 않으니 다른 공격을 해야겠다."

화살 부대가 물러가고 관군들은 창과 칼을 이용해서 길동을 압박하기 시작했다. 하지만 길동은 다시 전자석을 이용해서 창과 칼을 당겨 전자석에 붙게 만들었다. 관군들의 반 정도가 무기를 잃고 우왕좌왕했다.

"적의 기세가 꺾였다. 지금 몰아붙여라!"

길동이 앞장서서 관군들을 향해 달려들었다. 삼 형제는 커다란 몽둥이를 휘두르며 관군을 몰아세웠다. 길동의 재치로 수적 열세를 극복했지만 시간이 지날수록 체력이 급속도로 떨어졌다.

"헥헥, 정말 이 싸움이…… 헥헥, 우리에게…… 승산이 있는 겁니까?"

"일단 길동 형님을 믿는 수밖에 없지."

어느덧 해가 산 뒤편으로 기울기 시작했다. 길동 일행은 천 개의 귤을 들고 조그만 개울을 건너갔다. 관군들은 유천의 지휘 아래 개울을 건너오기 시작했다.

"지금이다! 귤과 연결된 두 개의 전선을 강물에 꽂아라!"

길동의 명령에 양산과 마산이 쥐고 있던 전선을 강물에 꽂았다.

"으아악! 악!"

관군들의 비명 소리가 울려 퍼졌다.

"형님, 이번 작전은 뭡니까?"

마산이 물었다.

"귤이나 레몬에 구리와 아연을 꽂으면 이게 바로 전지가 되느니라. 그런데 전지를 직렬로 연결하면 전압은 전지의 개수에 비례해 커지게 되지. 그래서 귤 천 개를 직렬로 연결하면 귤 전지 한 개 전압의 천 배가 되는 거야. 이렇게 만든 귤 전지와 연결된 두 개의 전선을 개울에 꽂으면 귤 전지에서 만들어진 전류가 개울을 통해 적의 몸으로 흘러들어가지. 일종의 전기 충격 작전이다."

길동은 자신만만한 표정으로 개울에서 전기 때문에 고생하는 관군들을 노려보며 말했다. 개울에서 전기 충격을 받은 관군들은 너나 할 것 없이 개울을 빠져나가느라 아우성이었다.

길동의 재치가 빛을 발하며 오백 명이 넘는 관군을 물리쳤다. 길동

일행이 승리에 흠뻑 취해 있을 때, 그들에게 다가오는 그림자가 있었다. 순간 꽃분이 자신의 칼을 꺼내 들고 날렵하게 움직였다.

"누구냐?"

꽃분의 칼에 이끌려 누군가 길동 앞으로 모습을 드러냈다.

"아니!"

길동은 탄성을 지를 수밖에 없었다. 그토록 보고 싶던 유천이 바로 눈앞에 나타났기 때문이었다

"아니, 유천 형님! 여긴 어떻게 알고 나타나신 겁니까?"

"하하하! 길동아, 잘 지냈느냐?"

"당연히 잘 지냈지요. 여기서 이렇게 만나게 되다니 정말 꿈만 같습니다. 형님."

"지금 내가 마음이 급하니 본론만 이야기하겠다. 길동이 네가 바로 활빈당의 대장이지?"

"네, 송구스럽지만 그렇습니다."

"그렇다면 묻겠다. 관군들과 싸워 가면서 한양까지 올라오려고 한 이유가 무엇이냐?"

"당연히 형님을 만나 어머니가 계신 곳을 알아내려 한 것이지요."

"역시 내 예상이 맞았구나. 활빈당이란 이름으로 찾으려고 하니 이렇게 관군들과 맞서게 되지 않느냐. 이렇게 되면 오히려 어머니와 너의 목숨이 위태롭게 될 수 있어. 날 먼저 찾아왔더라면 좋았으련

만……."

"제가 생각이 짧았습니다. 전 오로지 형님과 어머니를 뵙기 위해서 이렇게 한 것인데 이것이 오히려 화를 초래했습니다."

"아니다. 너에게 연락을 못 한 내 잘못도 있다. 일단 숨어서 지내도록 해라. 어머니의 거처는 내가 가르쳐 주겠다. 관군들이 너의 존재를 알아내고 어머니를 잡아들이기 전에 먼저 어머니를 모시고 가거라."

"감사합니다. 그런데 형님은 어떻게 이 모든 사실을 다 아십니까?"

"하하하! 내가 모르는 것도 있더냐. 일단 지금 당장 이 길로 어머니를 모시러 가도록 해라."

"그럼 형님은요?"

"나는 나대로 해야 할 일이 있다. 어서 가거라. 서둘러야 한다."

"감사합니다. 그럼 어머니를 모신 뒤 형님을 꼭 찾아뵙겠습니다."

길동 일행은 그 길로 서둘러 어머니를 찾아 떠났다. 유천은 그들의 뒷모습을 보며 흐뭇하게 미소 지었다. 물론 유천은 자신을 쫓아온 검은 그림자의 존재를 알고 있었다. 그들이 관군들이란 것도.

"수도방위대장, 대역 죄인을 도망치게 도운 죄로 당신을 체포하겠습니다."

유천은 관군들의 포박을 순순히 받았다. 비록 몸은 포박당하지만 유천의 마음은 오히려 홀가분했다. 길동과의 가슴 아픈 싸움을 이제 더 이상은 하지 않아도 된다는 생각에 유천은 미소를 지었다.

"어머니, 소자 길동이옵니다."

"뭐? 길동이라고? 내 아들 길동이 정말로 맞느냐?"

길동의 어머니 춘섬이 맨발로 뛰어나와 눈물을 흘리며 길동을 꼭 끌어안았다.

"정말 내 아들 길동이 맞느냐? 어디 아픈 곳은 없고?"

"하하하, 어머니 아들 길동이 아픈 곳이 있을 리가 있습니까. 어머니는 어떠십니까?"

"아들 생각에 잠 못 이루던 것 말고는 괜찮단다."

"어머니, 설명은 나중에 할 테니 어서 길을 떠날 채비를 하시지요. 한 시가 급합니다."

길동은 서둘러 어머니를 모시고 길을 떠났다. 삼 형제와 꽃분은 미리 마련해 둔 비밀 장소에서 길동을 기다렸다. 관군들은 길동이 떠난 뒤 춘섬의 집에 들이닥쳤다. 하지만 이미 집에는 개미 새끼 한 마리도 없었다.

"네 이놈! 길동과 춘섬이 어디로 갔는지 바른대로 고하지 못할까?"

"저는 아무것도 모릅니다."

"저, 저 고얀 놈. 어서 저놈을 매우 쳐라!"

포박에 묶인 유천의 몸에 가차 없이 몽둥이가 내리쳤다. 유천의 몸이 피로 물들기 시작했다.

"이래도 말을 못 하겠느냐."

"저는, 저는 아무것도 모릅니다."

유천의 끈질김에 모두가 혀를 내둘렀다. 유천은 자신으로 인해 조금이라도 길동이 위험에 처할까 죽을 힘을 다해 모진 고문을 참았다.

"길동 형님, 소식 들으셨습니까?"

"무슨 소식 말이냐?"

"수도방위대장이 우리 활빈당과 내통한 죄로 사형에 처해질 것이라고 한양 전체에 방이 붙었답니다."

"잠깐, 방금 수도방위대장이라고 말했느냐?"

"네, 수도방위대장이 사형에 처해질 것이라는군요."

"길동아. 넌 수도방위대장이 누군지 모르느냐?"

"네, 저는 모르는 사람입니다. 어머니는 아십니까?"

"수도방위대장은 바로 유천이다. 근데 왜 유천이 사형을 당한다는 것이냐?"

"예? 유천 형님이라고요?"

길동은 망치로 머리를 맞은 것처럼 어지러웠다.

"길동이 너는 왜 그런지 아느냐?"

"유천 형님이 어머니와 저의 안전을 위해 자신의 위험을 무릅쓰고 저에게 어머니가 계신 곳을 알려 주었습니다. 그래서 그것이 조정에 알려져 화를 부른 모양입니다."

"큰일이구나. 그 착한 유천이 사형을 당하게 되다니……."

길동은 자신과 어머니를 위해 목숨까지 내건 유천 형님에게 너무나 미안하고 고마운 마음뿐이었다.

"너희들은 이 길로 어머니를 모시고 더욱 안전한 곳으로 가 있거라."

"길동 형님은 어떻게 하시려고요?"

"나의 천재적인 과학 실력을 알지 않느냐. 어서 어머니를 모시고 한

양을 벗어나 안전한 곳으로 가거라."

"알겠습니다. 형님도 몸조심하세요."

길동은 어머니 춘섬에게 인사를 한 뒤 삼 형제와 꽃분에게 다시 한번 조심할 것을 당부했다. 길동은 순식간에 어둠 속으로 사라졌다.

유천은 낮에 당한 심한 고문으로 몸과 마음이 지쳐 있었다. 문지기들이 자리를 떠나자, 다른 문지기가 다가와 유천에게 말을 건넸다.

"유천 형님, 형님은 늘 그렇게 저를 생각하고 계셨군요."

"길동아, 네가 여기 무슨 일이냐? 내가 어서 한양을 떠나라고 했거늘 지금까지 여기에 있으면 어쩌자는 것이냐?"

"제가 어찌 형님을 두고 떠날 수 있겠습니까? 유천 형님, 형님이 그렇게 저와 어머니를 위해 희생하고 옥에 갇혀 죽으면 저는 남은 날들을 어떻게 살아가라고 그러십니까? 어찌 사람이 그렇게 무심할 수 있습니까? 형님, 시간이 없습니다. 어서 저와 함께 떠나야 합니다."

길동은 유천을 부축해서 서둘러 옥을 빠져나왔다. 밖에는 병사 두 명이 지키고 있었다. 길동은 준비해 온 보따리를 병사들에게 던졌다.

"이게 뭐지?"

"글쎄, 누가 버린 물건인가 본데……."

병사들은 궁금한 마음에 보따리를 풀었다. 보따리 안에는 먹음직스러운 떡이 들어 있었다. 그 떡에는 두 개의 긴 전선이 연결되어 있었다.

"이 줄은 뭐지?"

"글쎄, 떡을 묶다가 만 것 같은데."

병사들은 배고픈 마음에 허겁지겁 떡을 입에 물었다.

"이때다!"

길동은 두 개의 전선 사이에 초강력 건전지를 연결시켰다. 그러자 전선으로 전기가 흐르고 그 충격으로 두 병사는 떡을 입에 문 채 그 자리에서 기절했다.

길동은 서둘러 유천을 부축해 옥을 빠져나왔다. 그때, 손에 횃불을 들고 서 있는 새로 부임한 수도방위대장과 관군 십여 명이 길동의 눈에 들어왔다.

"활빈당! 난 오늘부로 새로 부임한 수도방위대장이다."

"오호, 유천 형님을 밀어내고 수도방위대장이 되셨군요."

"뭐야? 내가 능력이 있으니 이 자리에 오를 수 있었던 것이다!"

"예, 예, 감축 드립니다. 그런 의미에서 제가 약소하지만 선물을 준비했습니다."

길동은 주머니에서 소중한 물건을 다루듯 상자 하나를 꺼내 들고 수도방위대장을 향해 걸어갔다. 수도방위대장은 살짝 경계하는 눈빛이었지만 선물이 너무나 궁금해 길동 쪽으로 다가갔다.

길동은 공손히 선물을 건네주고 한 걸음 물러섰다. 수도방위대장이 얼굴에 미소를 띠며 조심스럽게 상자를 여는 순간.

픽!

수도방위대장의 코뼈 내려앉는 소리와 함께 상자에서 우스꽝스러운

펀치가 튀어나와 대롱거리고 있었다. 수도방위대장의 코에서는 코피

가 흘렀다.

"우쒸, 무슨 짓을 한 거냐?"

수도방위대장은 코피를 닦으며 화난 표정으로 길동에게 물었다.

"하하하, 그게 바로 용수철의 힘이요. 용수철을 상자 속에 압축시켜 놓았다가 뚜껑을 열면 용수철은 원래의 길이로 되돌아가려는 성질 때문에 거기에 매달린 펀치가 당신 얼굴에 힘을 작용하게 된 거요."

길동이 통쾌해하며 원리를 설명했다.

수도방위대장은 민망한 마음을 감추려 괜히 근엄한 표정을 지으며 슬쩍 코피를 닦고 허리에 손을 올렸다.

"흠흠. 선물은 고맙게 잘 받았다. 근데 죄인 유천을 데리고 지금 어딜 가려는 것이냐?"

"그건 네놈이 알아서 뭣에 쓰려고?"

"하하하! 죄인을 빼돌리려는데 내가 두고 볼 수야 없지."

"요즘 수도방위대장은 참 할 일이 없나 보구나."

"뭐. 뭣이? 감히 죄인 도둑놈 주제에 어디서 입을 함부로 놀리느냐!"

"내가 틀린 말을 했느냐? 아무 죄도 없는 자를 끌어다가 고문하고 사약을 내리는 게 너희들의 본분이냐."

"저, 저 놈이……. 어서 저놈들을 잡아들여라. 어서."

수도방위대장의 말에 관군들이 일제히 길동을 향해 화살을 쐈다. 무수히 많은 화살이 길동과 유천을 향해 날아왔다. 길동은 자신의 칼을 휘둘러 순식간에 많은 화살을 떨어뜨렸다.

"역시 칼솜씨가 대단하구나. 하지만 얼마나 막을 수 있나 두고 보자.

쉬지 말고 공격해라!"

수도방위대장의 명령에 관군들은 다시 화살을 쏘았다.

수많은 화살이 길동을 향해 날아들었다. 길동은 유천의 앞을 가로막으며 칼을 휘둘러 화살을 떨어뜨렸다. 하지만 미처 보지 못한 화살 두 방이 길동의 가슴에 꽂혔다.

"길동아!"

유천의 슬픈 외침만이 밤하늘에 울려 퍼졌다.

길동은 무릎을 꿇고 칼로 간신히 자신의 몸을 지탱했다.

"길동아, 괜찮느냐?"

"형님, 저 길동입니다. 이깟 화살 아무것도 아닙니다."

길동의 이마에서 식은땀이 흘러내렸다.

"하하하! 큰소리치더니 꼴좋구나. 다시 화살을 날려라!"

유천은 두 눈을 질끈 감았다. 순간 뒤쪽에서 휙~ 하는 소리가 났다. 유천이 다시 눈을 떴을 때는 자신과 길동 앞에 누군가가 떡하니 버티고 서 있었다. 유천은 유심히 그를 살폈다. 그는 바로 길동과 함께 있던 마산이었다.

"네가 여긴 어떻게 온 것이냐? 어서 어머니를 데리고 떠나라고 하지 않았느냐?"

"겨우 이런 꼴 보여 주시려고 우리를 먼저 보내신 겁니까?"

커다란 나무를 들고 모든 화살을 막아선 마산의 목소리는 가늘게 떨렸다.

"길동 형님, 어서 떠나십시오. 이곳은 제가 맡겠습니다."

"하하하, 넌 그렇게 겪고도 날 믿지 못하는 것이냐? 내가 누구냐? 천하의 길동이다. 동에 번쩍 서에 번쩍하는 길동이란 말이다."

"하지만 길동 형님은 이미 화살을 두 방이나 맞지 않으셨습니까?"

"날 믿어라. 난 절대 죽지 않는다. 어서! 시간이 없다. 유천 형님이 있어서 제대로 싸우지도 못했다. 저 정도면 나 혼자로도 충분하다. 어서 유천 형님을 모시고 떠나거라."

마산은 길동의 단호함에 어쩔 수 없이 유천을 등에 업었다.

"길동 형님, 약속하십시오. 꼭 살아 돌아오겠다고 말입니다."

"하하하, 걱정하지 말거라. 꼭 살아 돌아갈 것이다. 그때까지 유천 형님을 부탁한다."

길동은 이 말을 남기고 관군들을 향해 몸을 날렸다.

마산은 유천을 업은 상태로 뛰기 시작했다. 마산의 눈에선 계속 눈물이 흘러내렸다. 마산은 알고 있었다. 이미 화살을 두 방이나 맞은 길동이 관군을 절대 이길 수 없다는 것을.

마산은 달리다가 잠시 멈춰 뒤를 돌아보았다. 길동의 모습이 눈에 들어 왔고, 그 순간 길동은 화살 세 방을 더 맞았다.

"길동 형님…… 흑."

마산의 처절한 외침이 울려 퍼졌다. 길동은 그 자리에 무릎을 꿇었다. 마산은 더 이상 길동의 모습을 볼 수 없었다.

'지금은 어떻게든 길동 형님의 간곡한 청을 받들어 유천을 살리는 게 중해. 길동 형님도 그걸 원할 거야.'

마산은 슬픈 울음을 산에다 뿌리며 더 이상 뒤를 돌아보지 않고 달렸다.

더 알아보기

우산

귤로 어떻게 전기를 만들어서 전구에 불을 켤 수 있나요?

길동

귤 안에는 산성 물질이 들어 있어서, 이 산성이 전기를 흐르게 할 수 있어! 귤에 구리와 아연 같은 금속을 꽂으면, 두 금속이 산성 물질과 반응하면서 작은 전류가 만들어져. 그러니까 귤에 전선을 꽂아 전구에 불을 켤 수 있는 거지. 물론 하나의 귤로는 큰 전압을 만들 수 없지만 여러 개의 귤을 직렬로 연결하면 큰 전압을 얻을 수 있어.

유천

용수철 펀치를 더 강하게 만들고 싶은데, 어떻게 해야 하느냐?

길동

용수철 펀치를 더 강하게 만들려면, 용수철을 더 많이 당겨서 늘려야 합니다. 용수철은 많이 늘어날수록 그만큼 더 강한 탄성력을 가지게 되지요. 그래서 많이 당긴 용수철을 놓으면, 더 큰 힘으로 펀치가 날아가게 됩니다.

또한, 용수철 자체가 더 단단하거나 강한 재질로 되어 있다면, 같은 길이로 당겼을 때도 더 강한 힘을 낼 수 있습니다. 결국, 얼마나 많이 당기느냐와 용수철의 강도에 따라 펀치의 세기가 결정되는 것입니다.

6막

울도국의 탄생

"마산 형님! 잘 다녀오셨습니까?"

"도련님은 무사한가요?"

포구에서 배를 대고 기다리던 일행이 달려 나와 길동의 안부를 물었다. 마산은 말없이 등에 업은 유천을 살포시 내려놓았다. 춘섭이 유천을 보자마자 눈물을 흘리며 말했다.

"무사했구나. 정말 다행이다. 나는 네가 죽은 줄 알고. 길동이 다행히도 너를 구했구나. 정말 다행이야."

"근데 마산 형님, 길동 형님이 안 보입니다. 어디 가셨습니까?"

우산의 물음에 마산은 그만 고개를 떨어뜨리고 눈물을 흘렸다. 마산의 눈물을 본 모두가 순간 경직되었다.

"그럴 리가 없어. 길동 형님이 어떤 분인데……. 마산 형님, 어서 말씀해 주세요. 길동 형님은 무사하다고!"

그러나 마산은 말없이 계속 눈물만 흘렸다.

"죄송합니다. 다 제 잘못입니다. 길동이는 절 구하려다 그만……."

유천이 목 놓아 울기 시작했다. 그러나 춘섬은 오히려 담담했다.

"길동이 유천을 살리기 위해 자신을 희생한 모양이구나. 길동은 옳은 선택을 한 것이다. 만약 길동이 유천을 나 몰라라 했다면 더욱 큰 짐을 안고 평생을 살아가야 했을 것이다. 오히려 길동은 유천을 구하고 홀가분한 마음으로 떠날 수 있었을 것이다."

춘섬의 말에 삼 형제는 더욱 큰 소리로 울기 시작했다.

"울지 말거라. 길동은 자신이 가고자 한 길을 선택한 것뿐이다. 우리가 길동이 가는 마지막 길을 지켜봐 주어야지."

꽃분은 다리에 힘이 풀려 그 자리에 주저앉았다. 늘 자신에게 자상하게 대해 주던 길동이 하루아침에 죽었다는 소리를 들으니 기가 찰 노릇이었다.

"안 떠날 것이오? 조금 있으면 관군들이 쫓아올 텐데. 이렇게 지체하다가는 잡히고 말 것이오."

뱃사공이 초조한 듯 일행을 재촉했다.

"어서 배에 오르거라. 길동이도 우리가 무사히 떠나길 바랄 것이다."

춘섬의 말에 모두 눈물을 닦고 배에 올랐다. 뱃사공은 모두 배에 오른 걸 확인한 뒤 배를 잡고 있던 밧줄을 풀었다.

"출발하겠습니다."

뱃사공은 힘차게 노를 저었다. 하지만 누구 하나 고개를 들지 않았다. 그저 자신이 죄인이라는 듯 고개를 숙이고 땅이 꺼져라 한숨만 내쉬었다.

"잠깐! 나도 태워 가야지!"

순간, 익숙한 목소리에 모두 자신의 귀를 의심했다. 모두 고개를 들고 포구 쪽을 바라보니 그곳엔 바로 길동이 서 있었다.

"길동 형님이다!"

모두 길동의 모습을 보고 환호하였다.

"뱃사공! 어서 배를 돌리시오."

"안됩니다. 지금 배를 돌리면 뒤쫓아 오는 관군에게 꼼짝없이 잡힐 겁니다."

"어서 배를 돌려! 길동 형님을 태워야 한단 말이다."

"그럴 수 없습니다, 지금 포구로 가면 여기 있는 모두가 죽습니다."

삼 형제는 화가 머리끝까지 났지만, 뱃사공을 나무랄 수도 없었다. 모두가 발을 동동 구르며 길동을 바라보았다. 그때 길동이 커다란 줄을 카우보이처럼 돌리더니 배를 향해 던지는 게 아닌가.

줄에 묶인 갈고리가 배의 뒤쪽에 걸리자 길동은 발에 나무판자를 묶고 바다로 뛰어들었다. 때마침 바람이 세게 불어 배가 속도를 내기 시작했고, 길동은 아슬아슬하게 관군을 피할 수 있었다.

배가 속력을 내자 길동이 마치 수상 스키를 타듯 물살을 갈랐다. 길동의 멋진 모습에 모두가 환호했다.

관군들은 필사적으로 활을 당겨 길동을 향해 화살을 쏘아 댔다. 하지만 화살은 허공을 가르다 그대로 힘없이 물속에 떨어졌다. 관군들은 그저 멀어지는 배를 바라볼 수밖에 없었다. 길동이 탄 배는 커다란 물살을 가르며 더욱 넓은 바다를 향해 힘차게 나아갔다.

삼 형제는 관군들이 더 이상 보이지 않자 안도의 한숨을 내쉬며 배의 속도를 줄였다. 그러고는 길동이 붙잡고 있는 줄을 힘껏 당겨 길동을 배 위로 끌어 올렸다.

"휴~ 죽는 줄 알았다."

배에 무사히 올라탄 길동이 안도의 한숨을 쉬었다.

"이야~ 길동 형님! 정말 길동 형님 맞습니까?"

"너는 이런 대낮에도 귀신이 나올까 무서운 것이냐? 그래, 내가 바로 활빈당의 대장 홍길동이다!"

"믿을 수가 없습니다! 마산 형님은 분명 길동 형님이 관군에게 당했다고 했는데…… . 어떻게 살아 돌아오셨습니까?"

"길동 형님, 전 분명 형님이 화살을 다섯 방이나 맞는 것을 봤습니다. 그래서 당연히…… . 도대체 어떻게……?"

"지금도 화살 다섯 방은 여기에 있다."

길동이 가리킨 곳에는 화살 다섯 방이 남아 있었다.

"헉! 형님, 괜찮으십니까? 어서 치료를……."

"호들갑 떨지 말거라. 다 방법이 있었지."

길동이 윗도리를 벗어 보였다. 길동의 몸에는 종이를 겹겹이 겹쳐 만든 갑옷 같은 것이 둘러 있었다.

"이게 무엇입니까?"

"내가 만든 종이 갑옷이다. 종이를 여러 번 접거나 겹치면 단단해져서 아무리 강한 화살이라도 막아 낼 수 있느니라."

"길동 형님, 그럼 절 속인 겁니까? 저는 정말 형님이 어떻게 되신 줄 알고 얼마나 가슴 아팠는지 모릅니다."

"하하하. 그런 마음을 알기에 내가 이렇게 살아 돌아오지 않았느냐."

길동의 말에 모두 가슴을 쓸어내리며 웃었다.

"그런데 말입니다, 형님. 아까부터 배 뒤에 붙어 있는 선풍기가 신경이 쓰였는데 말입니다. 배는 앞으로 나가는데 선풍기는 뒤쪽을 향해 있는 것입니까?"

"그건 바로 작용과 반작용의 법칙이야! 두 물체 사이에서 작용하는 힘은 항상 이 법칙을 따르지. 한 물체가 다른 물체에 힘을 주면, 힘을 받은 물체도 똑같은 크기의 힘을 주는 거야. 배에 붙은 선풍기는 공기를 뒤쪽으로 밀어내고, 그 반작용으로 주변 공기가 배를 밀어서 배가 앞으로 나아갈 수 있어. 사람이 노를 저을 때도 비슷한 원리로 움직이는 거란다."

"아하, 그런 거라면 저도 조금 압니다."

양산이 갑자기 일어서서 배의 뒤편으로 걸어갔다. 그러고는 어마어마한 소리를 내며 배 뒤쪽에 대고 방귀를 뀌어 댔다.

"이렇게 하면 배가 좀 더 빨리 간다는 거 아닙니까. 작용과 반작용에 의해서."

양산의 엉뚱한 발상에 모두가 웃음꽃을 피웠다.

"도련님, 정말 얼마나 걱정했는지 모릅니다. 흑흑."

꽃분은 그제야 마음이 수습되었는지 참아 왔던 눈물을 흘렸다. 길동은 괜히 미안한 마음이 들었다.

"괜한 걱정을 끼쳐 미안하오, 낭자. 덕분에 이렇게 살아 돌아올 수 있

었으니 정말 고맙소."

"길동 형님, 지금 우리는 어디로 가는 것입니까?"

"우리는 지금 신세계로 가는 것이다. 그곳에선 모두가 평등하고 모두가 웃음을 지으며 행복이 넘쳐흐르지."

"에이, 세상에 그런 곳이 어디 있습니까?"

"있단다. 바로 우리들의 마음속에 말이다. 어디로 가든 우리가 앞으로 있을 곳은 우리 힘으로 만들어 가면 되는 것이다. 나는 그곳의 이름을 율도국이라고 할 테다."

"길동아, 너의 뜻에 나도 조금이나마 보탬이 되었으면 좋겠구나."

"고맙습니다. 형님, 우리 모두 힘을 합쳐 더 좋은 세상을 만들도록 노력합시다."

모두의 외침이 넓은 바다를 가로질러 온 세상으로 퍼져 나갔다.

더 알아보기

꽃분

전자석은 어떻게 작동하나요?

길동

전자석은 전기를 사용해서 자기장을 만드는 장치야. 전선을 철심에 감고 전류를 흘리면, 전류가 흐르는 동안 철심이 자석처럼 변해. 이때 철심은 자기장을 만들어서 주변의 물체를 끌어당기게 돼. 전자석의 좋은 점은, 전기를 끄면 자기장도 사라져서 자석의 힘도 없어지는 거야. 그러니까 전자석은 전기를 켜고 끌 수 있는 '조종 가능한 자석'이라고 생각하면 돼. 예를 들어, 크레인이 큰 금속을 들어 올릴 때 바로 이 전자석을 사용하지.

양산

작용과 반작용 법칙이 무엇인가요?

길동

뉴턴의 작용과 반작용 법칙은 뉴턴의 제3법칙이라고 해. 이 법칙에 따르면, 하나의 물체가 다른 물체에 힘을 가하면(작용), 그 다른 물체도 똑같은 크기의 힘을 반대로 가하게 돼(반작용). 즉, 두 물체가 주고받는 힘은 크기는 같지만 방향은 반대라는 거지. 예를 들어, 배를 타고 노를 저으면 노를 젓는 힘에 대한 반작용이 강물이 배를 미는 힘이 되어 배가 앞으로 나아갈 수 있지.

고전에 빠진 과학 1

홍길동이 물리 박사라고?

초판 1쇄 2024년 11월 11일
글 정완상 그림 홍기한

편집 정다운편집실 **디자인** 하루

펴낸곳 브릿지북스 **펴낸이** 박혜정 **출판등록** 제 2021-000189호
주소 경기도 고양시 일산서구 킨텍스로 284, 1908-1005
전화 070-4197-1455 **팩스** 031-946-4723 **이메일** harry-502@daum.net

ISBN 979-11-92161-07-5 74400
ISBN 979-11-92161-06-8 (세트)